本书出版受到西北师范大学
马克思主义理论研究和马克思主义理论
博士点建设经费资助

李朝东　王金元　著

# 教育启蒙与
# 公民人格建构

中国社会科学出版社

**图书在版编目（CIP）数据**

教育启蒙与公民人格建构／李朝东，王金元著 . —北京：
中国社会科学出版社，2009.7
ISBN 978 - 7 - 5004 - 7983 - 3

Ⅰ. 教…　Ⅱ.①李…②王…　Ⅲ. 公民教育－研究
Ⅳ. B822.1

中国版本图书馆 CIP 数据核字（2009）第 111821 号

策划编辑　储诚喜
责任校对　修广平
封面设计　王　华
技术编辑　王炳图

出版发行　中国社会科学出版社
社　　址　北京鼓楼西大街甲 158 号　　　邮　编　100720
电　　话　010—84029450（邮购）
网　　址　http：//www. csspw. cn
经　　销　新华书店
印　　刷　北京新魏印刷厂　　　　　　装　订　广增装订厂
版　　次　2009 年 7 月第 1 版　　　　　印　次　2009 年 7 月第 1 次印刷
开　　本　880×1230　1/32
印　　张　7.75　　　　　　　　　　　插　页　2
字　　数　196 千字
定　　价　28.00 元

# 目　录

# 导　　论

公元前4世纪，希腊哲学家第欧根尼（Diogenes）曾经有过一个看似荒谬的行为：大白天打着灯笼在城里四处走动，边走边看，似乎在寻找什么东西。问其缘由，答曰："在光天化日之下，即使是打着灯笼我也找不到一个真正的人。"当人们纷纷指斥自己时，他拿起一根树枝驱赶人群并喊道："我要找的是真正的人！"第欧根尼的轶事能够流传至今并不断引发人们新的思考，在于它从形上层面提出了"人是什么？"这个揽天地以自问、历千古而不变的本源性问题。

人是什么？积淀了几千年人类文明的当今社会，我们能否解答貌似"斯芬克司之谜"的这一本源性问题？我们今天作为传承人类文明的教育，是否培养出了第欧根尼所寻找的"真正的人"？

苏格拉底断言：未经省察的人生是不值得过的人生。古往今来，人因教育启蒙而成为人，也因教育而达到了智慧的启迪、性情的陶冶和自由独立精神与主体人格的养成。可以毫不夸张地说，教育是人类文明进步的阶梯，是"人成其为人"的主要途径，只有通过教育才能实现人的全面发展。教育的功能不仅是为了培养训练有素的、掌握科学知识的专家，并在某种世界图景的支配下运用技术去认识和控制自然，教育的功能更重要的是塑造一个以信仰、德性和知识为基本构成要素的公民，并由之构成一个公民社会。在一个时代的教育体系中，必须同时具有信仰、德性和知识三个要素，并由此塑造公民的心灵结构。

# 一　人格的意蕴与教育的启蒙使命

近年来，无论是在学术界抑或日常生活中，"人格"一词被日益频繁地使用着且大多缺乏确切的含义。一般而言，人格是把人同其他动物区别开来的标志，意味着"人成其为人"，但这一界说是在哲学领域内对人格的阐释。从词源来讲，"人格"（personalit）一词最早来源于拉丁文"persona"，意指面具、伪装；扩展之，则具有角色及其特征的意思。由此出发，人格的内在特征首先是指个人性或个人的独立性；其次，人格还意味着个体所体现出的性格气质、容貌风度等个性特征。可见，西方语境中的"人格"并不是从道德品质的意义上进行界定的。近代以来，随着学科分类的日趋精细，人格所具有的特征更多地成为心理学、社会学、法学、教育学等学科研究的对象，各门学科都从自己的研究角度出发，对"人格"一词进行界说并发展出一套能够对其进行量化研究的方法论。

在汉语思想界，"人格"是个充满歧义性概念，中国人讲"人格"常常是与一个人的道德品质联系在一起的。事实上，中国原无"人格"一词，它是在近代经由日本再传到中国的西方概念。在汉语语境中，"格"本身就意味着标准、格调等含义，将"人格"作为一个词组，顾名思义，就是讲"人之为人"的格调，也就是将"人格"同做人的标准及道德修养联系起来。值得注意的是，中国传统文化常常讲到"理想人格"，这里的"理想人格"实质就是"成人之道"，即如何培养人的德性修养以至达到理想的人生目标。可见，即使是引入的"舶来词汇"，中国人仍然赋予了"人格"一词浓厚的道德与伦理色彩。

就本书而言，我们更多关注的是作为哲学意义上的人格界定。人作为具有责任能力的独立个体，其人格结构具有"孤独意识"（非中国式的脱离群体的孤独感）、"忏悔意识"（非中国式的推卸责任的悔过）和"责任意识"。三者的统一才能使具有独立人格的你、我、他及其由之所构成的我们，成为真正的信仰主体、道德主体和审美主体。

一个人要成为"真正的人"，成为对社会有用的人，就必须具有独立的人格。但独立人格的形成却并非"我自有也"，而是存在一个教育启蒙的过程。只有通过教育启蒙，人才能意识到自己是有"孤独"权利的人、敢于承担责任的人和维护自己尊严的人。

教育通过以知识为内容实施对人的教化，使人成为具有个体信仰、德性修养和知识能力的公民。在汉语语境中，"启蒙"几乎被理解为"教育"的同义语，教育就是启蒙，而一旦说到启蒙主要就是指教育。从教育学的意义上说，一个接受过普通教育的人就是一个被启蒙的人，就是一个从自然的自在存在变成一个社会化的自为存在的人。但是，从哲学的意义上来说，教育通过知识来启蒙民众的同时，教育用以启蒙民众的知识又会对人造成新的蒙蔽，所以，启蒙是个不断敞开的过程。通过教育把人从自然状态中提升出来并使人成为人，被认为是教育担当的启蒙使命。真正说来，教育的启蒙使命并不仅表现为从无知走向有知，这只是通过教育而达到启蒙的最初意蕴。教育的启蒙使命从根本上来讲，就是要使受教育者敢于明智、除去蒙蔽，应用知性从自己所造成的不成熟状态中挣脱出来，在一切事物中拥有公开运用个人理性的自由，并形成具有超出职责范围之外进行反省批判的理性思考能力。

根本而言，一个时代的教育应该通过什么样的合理的知识要素造就具有正义品性的公民，是教育启蒙必须回答的问题，也是从形而上角度出发探讨人格与教育启蒙之间关系的哲学问题。

## 二　教育启蒙与人格建构的历史考察

运用何种知识进行教育启蒙，建构健全的公民人格，塑造一个公平、正义和理性的公民社会，历来被思想家、哲学家和教育学家所重视，成为他们思考和研究的重要题域。

古希腊哲学家苏格拉底认为，一切知识的基础不是感觉而是理性和概念的，知识就是人类认识的结果，是人们对于事物本质和规律认识的结果。他把道德和知识统一起来，即"知识即美德"。柏拉图在《理想国》中认为教育的主要目的是使人的个体灵魂实现对现实的不断超升，初等教育包括语文、算术、音乐等等，还有体育和军训，这些都还较多地具有实用的目的；高等教育则着重于人的灵魂向理念世界的真理的接近，内容包括哲学、算术、几何学、天文学和音乐理论。关于教育的目的，柏拉图、亚里士多德都强调知识教育在人格培养中的主要作用，学算术不是"为了买卖"，而是"为了观察数的性质"；几何学是为了"引导灵魂接近真理和激发哲学情绪"；天文学不是为了航海，而是为了思索宇宙的无穷奥秘，但只有理性对概念的哲学沉思，才是投身于理念世界的最高的知识；亚里士多德根据研究的对象和目的的不同，对科学进行了分类，提供了一个完整的科学知识结构图式：逻辑学知识、神学—形而上学知识、实践科学知识和创制科学知识。教育启蒙就是运用上述完整的知识来塑造希腊公民的心智和人格；他从强调个别实体的形而上学本体论出发，认为教育就是要使个体人格的三个不同层次的灵魂，即理性灵魂、动物灵魂和植物灵魂得到和谐发展，智育相当于培养理性灵魂，德育相当于发展动物灵魂，体育相当于锻炼植物灵魂。亚里士多德在《政治学》中并不把道德看作由传统或权威先定的教条，而是建立在个人判断的基础上，认为只有智慧的人才能判定和选择真正的美德。这种唯智主义倾向对文艺复兴以后的西方教育思想产生了巨大的影响。到了古罗马时期，昆体良在《雄辩术原理》中认为教育的目标就是培养"善良的精于雄辩的人"，而雄辩的人首先是善良的即有德性的人。在他看来，专业教育要具有尽可能广博的基础知识，他建立的文法学校不仅要学习各种修辞和辩论等课程，而且要学习音乐、几何、逻辑、伦理、法律、宗教、历史等。

中世纪基督教的教育思想强调信仰和道德先于并高于知识教育，排斥体育和人的一切欲望。然而，古希腊的知识教育并未完全中断，而且在逻辑、修辞和辩证法等方面还有发展。更重要的是，信仰教育虽然通过禁欲主义而极大地限制了个人的全面发展，但却在把人的灵魂真正提升到纯粹的精神性上来这方面，使西方人的个体人格有了更深刻、更牢固的基础。从此，西方人对人的自由的理解就有了一个新的维度，即不再只是对自然物的驾驭和任意支配，而且是对自己超自然的本质，即上帝的精神本质的体认；应当说，中世纪教育在人心中确立一个彼岸的精神世界、使西方人的自我意识在个体灵魂和上帝之间拉开一个无限的距离。近代大学即使在世俗知识的教育上，也强调这些知识本身的超世俗的价值，强调其作为永恒真理的独立不倚和提升人的精神素质的作用。近代大学不单是传授技能的场所，更是养成科学精神和探讨宇宙奥秘的殿堂，这种科学精神本质上是一种人文精神，它与艺术精神、宗教精神和伦理精神互相补充并互相需要，从而为人的本质力量的全面发展和自由创造开辟道路。中世纪晚期经院哲学以及为适应城市发展需要而兴办的世俗大学的产生，就是在个体人格的这一深化基础上，再次转向哲学思辨和世俗知识的表现。

近代以来，夸美纽斯在《大教学论》中认为知识教育的任务是知识、德行和虔诚；洛克在《教育漫话》中主张知识教育主要是一种绅士教育；卢梭通过《爱弥尔》强调了自然教育是人的所有教育中最重要的教育；康德在《论教育》中认为，为科学而研究科学的精神本质上是人文精神，它与艺术精神、宗教精神和伦理精神不仅不相冲突，而且是互相补充、互相需要的，知识教育就是要对受教育者进行科学、艺术、伦理和宗教精神的教育；赫尔巴特的《普通教育学》认为以伦理学和心理学为基础建立了一个以掌握书本知识为宗旨的传统教育学理论，他提出了教育学所必须贯彻的五个道德观念，即"内心自由"、"完善"、"仁慈"、"正义"和"公平"观念，他以心理学的"统觉"理论为基础说明新观念的形成过程或接受和掌握知识的过程，是在原有观念的基础上吸收、融合同化新观念并构成观念体系的过程。

西方社会进入现代以后，随着科学技术在现代生活中起着越来越关键的作用。斯宾塞在《教育论》中认为，科学知识最有价值，"就科学知识与指导人类活动的关系来说，世界上的一切活动都离不开科学知识"；但马尔库塞在《单向度的人》中则批评说，科学及科学教育也日益专业化、技术化和实用化了，科学凌驾于其他精神生活之上，使人得以片面发展了，科学与其他精神领域的分工也变得绝对化了，科学凌驾于其他精神生活之上，使人成了"单面的人"；舍勒把知识区分为三种：统治知识或效能知识、教养知识和拯救知识。认为三种知识在教育启蒙和人格建构中服务于三个不同的目标：生命、精神、神性；曼海姆在《重建时代的人和社会》中提出了"社会学决定的知识"；福柯则在《知识考古学》中从知识与权力、知识与话语关系对知识作出了规定：知识不再是符号化的陈述，而是一系列标准、测验、机构和行为方式；知识不再是理性沉思的产物，而是一系列社会权力关系运作的结果。现代社会最重要的通用知识有四种：一是工具范畴的知识，二是人格范畴的知识，三是社会范畴的知识，四是常识范畴的知识。

我国是一个具有两千年悠久历史的教育大国，教育理论及教育理念亦源远流长，出现了如孔子、孟子、朱熹等具有深刻教育思想的教育家。但是，令人遗憾的是，直到20世纪初，我国也没有建立起自己的教育学基本理论体系。著名教育学家胡德海先生在《教育学原理》中指出："教育学在我国成为一门独立的科学，是从西方教育学输入以后才开始的……至今，将近百年，大体说来是：先抄日本，后袭美国，再学前苏联。"就教育、启蒙与人格培养的关系来看，中国古代占统治地位的儒家教育以"诗"、"乐"和"礼"为主要教育内容，教育的最终目的是为了维护上下不移的政治秩序并为皇权统治提供意识形态工具。儒家重在"教什么"、"怎么教"和"为何教"，至于"何为教育"这样的问题是不大考虑的，因为这一开始就被看作一个实践问题而不是一个理论问题。因而儒家教育具有政治实用主义的倾向，它无视人的自由本性而将人训练成为一心追求"仕途经济"的候补官员，对于大自然的奥秘和人类精神生活的更高追求都失去了兴趣和敏感性。

现代以来，我国最早通过日本接受的赫尔巴特教育思想，既因于日本是我国最初接近西方各种理论和思想的桥梁，也表明重视知识的传授符合我国"读圣贤书"的教育传统。从1919年"五四"运动开始到1949年中华人民共和国建立，对中国教育工作者影响较大的是美国的实用主义教育思想，也是杜威教育学说对我国影响较大的时期。实际上，杜威的教育哲学只是提供了一种理想和精神，一种促进教育改革的动力和源泉，因而很难成为规范和现实。新教育的一般原则的本身，并没有解决进步学校的实际管理和行政的任何问题。不如说，它们是提出新问题，依据新经验哲学去解决。实用主义的土壤是在美国的历史和文化之中，一旦离开了这个土壤，也就往往产生出各种变异。杜威来华讲演时说："一国的教育决不可胡乱模仿别国。为什么呢？因为一切模仿却只能学到别国的种种形式编制、决不能得到内部的特殊精神。"杜威所说的经验、民主、个人主义、讲究实用这些词语后面，不仅有广阔的西部土地作舞台，而且渗透和包含着清教徒的道德和文化背景，假如它们来到不具有类似背景的中国，其结果就可想而知了。第二次世界大战后美国的科学界已开始注重基础理论的研究。杜威所以要倡导民主，也就因为那种特点已在美国走向工业化和社会化的过程中被变异，因而要作为理想去追求和实现。

中国现代教育深受西方知识论的影响，追求知识显然没有满足人寻求意义以获得生存支持的愿望。知识论教育哲学和现象学的教育哲学的争论集中在如何理解教育世界上。徐夫真、高伟：《现象学教育哲学引论》中追问：它是一个知识的世界，还是一个意义的世界？知识论教育哲学认为教育世界是一个知识的世界，以追求知识掌握知识为最终的教育目的。现象学的教育哲学则认为教育世界是一个充满意义的世界，教育的意义即是我们通过让现象展示自身从而走在通往生存意义即教育本体的道路上；在我国的教育实践中，学生是被作为"各类事业的建设者、接班人"来培养的，学生一入学就被灌输"将来做科学家、工程师、文学家、政治家"等等，唯独不教给学生怎样才能成长为一个"人"。整个国民教育就是一个"大职业教育"，工作成了目的，人成了工作的奴隶。

事实上，无论是在西方思想家那里，还是在我国的教育发展史上，对知识、教育启蒙与人格建构之间关系的探讨都没有触及到我们今天需要面对的问题本质：知识和教育究竟是公共产品还是国际商品？教育正在进行一场革命——它越来越成为一种国际化的贸易商品。以前教育被视为公民必须拥有且有效参与现代社会所要求的技能、态度和价值观——这是任何社会中公共产品

（commongood）的关键要素。现在，教育正在成为一种可以购买的商品，一种由跨国公司和蜕变为营利组织的高等院校，以及其他教育提供者所买卖的产品。教育商品化必将对学校教育和大学以及知识的所有权和传播，乃至对现代社会公民权的思考产生重要的影响。必须坚持这个观点：任何层次的教育都不能被简单地视为一种可以在市场上买卖的商品。教育系统不仅提供经济成功所必需的技能，而且也为构建公民社会（civil-society）和促进公民政治参与提供基础。在全球化的教育环境里，必须保护并且保存作为国家与社会之公共产品的价值观，保存文化传统、保持知识自主、维护公民社会的价值观。

## 三　教育启蒙的时代困境及其批判

19世纪法国实证主义哲学家孔德（August Comte，1798—1857）把认识论与社会静力学和社会动力学结合起来，提出了科学或知识发展过程的三级规律：科学是一个由神学阶段发展到形而上学阶段再到实证阶段的过程，与此相应，知识也分类为虚构的宗教知识、抽象的形而上学知识和科学的实证知识。按照孔德的实证主义知识理想，三种知识形态是一种线形替代关系，所有知识最后的归属都是第三阶段，即科学知识。

孔德实证主义知识观对于近现代中西方教育理论的形成具有决定性的影响，因而科学知识成为现代教育的主要内容，教育被简约化为课程、教学和评价，教学规定什么可以被看作是有效的知识传递，而评价则规定什么可以被看作是这些被讲授的知识的有效实现。

由于这种奠基于实证主义知识论基础上的教育观，使得我们在教育启蒙和教育理念的设计上只见知识，而失落了信仰和德性品质。我们时代的教育极其强烈地向往和追求科学知识，世界各国在各个层面上展开的教育改革充分体现出实证知识的诉求，但实证主义知识观所引发的技术论的张扬带来了人的内心世界和内在情感的荒芜、理性暴政、存在遗失、精神空虚、人文衰微，追求知识显然没有满足人寻求意义以获得生存支持的愿望。

实际上，实证主义知识观是一个未经批判性反思的观念，我们时代的悖谬和教育启蒙的困境皆根源于此。实证主义科学观认为：凡是能被称为知识的，只能是关于事实的知识。但是，只见事实的知识造就了只见事实的人。随着科学技术在西方社会现代生活中起着越来越关键的作用，以经验理性即知性为基础的教育理念和使命也发生了根本变化，科学知识教育的理念主要是向人们传授各种专业化的知识，专门职业教育取代了自由教育，科学及科学教育日益专业化、技术化和实用化了，人们陷于越来越精密的分工，科学凌驾于其他精神生活之上，使人成了"单面的人"。因此，必须对中外教育理念的基础进行反思和重建。

第一，实证主义知识观是错误的：孔德实证主义知识观把神学→形而上学→科学三者看作是线形替代关系，把宗教和形而上学在西欧近现代的衰落看作是人类知识运动的普遍形式。实际上，无论是宗教—神学的认知思维、形而上学的认知思维还是实证科学的认知思维形式，都不是知识发展的历史阶段，而是人类精神均等的永恒立场和认识形式，它们之间没有谁能取代或代理其他任何一方。实证主义使人类精神和知识的内容及对象越来越单一和抽象化了，它忽略了人类精神结构的复杂性和丰富多样性。真正说来，神学、哲学和科学是同源关系。宗教知识、形而上学知识和科学的实证知识并不是线形替代，而是历时互补关系，它们共同构成一个时代教育理念的先验前提。人无论作为类的存在还是作为个体存在，其精神结构都是由信仰、理性和知识来奠基的。

第二，实证主义对神学和形而上学的拒斥致使科学知识成为

近现代社会的主导形态，现代教育理念就建立在这种实证主义的
知识学基础之上，即现代型的自然知识和社会知识基础之上，现
代教育理念的正当性诉求就是得自这种实证主义知识论的论证。
实际上，实证主义唯科学论原则把对科学的知识教条化和绝对化
了。在它看来，教育的意义是由知识的内容决定的，人不再是全
部教育的坐标系，不再是意识、自我、精神和类；建立在知识学
基础上的教育把注意力直接集中在科学知识上，教育被简约化为
课程、教学和评价："课程规定可以把什么看作是有效的知识，
教学规定什么可以被看作是有效的知识传递，而评价则规定什么
可以被看作是这些被讲授的知识的有效实现。"① 作为教育的前
提、对象和结果的是自由而活泼的单个人，被我们的教育活动处
理成一个单纯的物——接受知识以适应社会的物。

　　面对因实证主义知识观而带来的"教育启蒙困境"与"价
值衰微"，我们需要对教育、启蒙和公民人格建构之间的关系重
新进行思考。在一个以整理、反思、前瞻为学理任务的转型期
里，各学术领域尤其是现代教育应该对教育观念做出知识学的反
思：一个社会是通过教育知识的组织来选择、分类传递和评价它
认为具有公共性的知识，并由此反映出权力的分配和社会控制的
原则。但是，教育的意义仅仅是依据权力的分配和社会控制的原
则，按照课程、教学和评价并通过公共性知识和判断力传递的经
验结构吗？人是这个经验结构中的一个事实要素还是整个教育的
前提和最终目的？教育作为人类文化传承的手段究竟应该运用何
种知识塑造民众的心灵结构？

　　我们认为，知识是人类运用理性法则所获得的关于世界的经
验认识，是关于"是什么"（what to be）的问题，它以对客观对

---

　　① 　麦克·F. D. 杨：《知识与控制——教育社会学新探》，华东师范大学出版社
2002 年版，第 61—62 页。

象的真实性把握为目的，必然要求在思想上遵守逻辑规则，重视思维活动的客观性和合理性，强调概念和命题的可证实性或可证伪性；价值则是人对世界的愿望和情感，是"应该怎样"（how ought to be）的问题，它反映的是有情感、有意识的人们之间的关系，是一种涉及人的意志和情感的有意识的活动，只有出于行为主体的意识和目的的行为才具有道德性；信仰是对非实证事物的坚信态度信仰，通常是指人所固持的一种坚信不疑的态度，指人们对某种事物极度信服和尊重，并以之作为支配自己言行的准则。信仰是一种对超越者的回应，它所要追究的问题都是有关终极性质的，回答的是"为何信"、"信什么"、"如何信"以及生命对自己的意义何在的问题。信仰不是知识，信仰问题虽然与认知有关，但始终不是认知活动。信仰不属于证明问题，体现信仰超越性和终极性的"总的假设"也无须加以证明，信仰对象的超越性使它既不应局限于具体的物质层次，也不应局限于次终极的层面。在一个时代的教育体系中，必须同时具有信仰、德性和知识三个要素，并由此塑造公民的心灵结构。教育作为教与学的统一，就是要让每个受教育者坚守自己的真实秉性，教人学真，学做真人，而教会和学得科学知识是次一级的问题。因此，在厘清信仰、德性和知识三者的基础上，我们将进而深入探究教育启蒙与公民人格建构之间的关系，并试图从哲学的角度对教育在公民人格建构中的功能和作用进行理论阐明。

## 四　教育启蒙及其理念的反思与公民人格的展开

教育科学研究在今天受到人们的特别青睐和关注，这是经济、社会和教育自身改革与发展的必然结果。与此相应，关于教育启蒙以及教育理念的探讨与反思也成为理论界的热门话题之一，也出现了一些颇有创见的理论论著与学术成果。但不论从何种视角或理论出发对教育启蒙及其教育理念进行阐释与论说，都不能改变教育启蒙本质使命的所在，即在任何时代的社会发展中，一切教育都担负着文化传承、人文教化和人类资源开发的功能。教育本身所具有的这些功能能否有效地实现，主要取决于教育活动能否培养出合格的社会文化的继承者、社会规范的服从者和社会财富的生产者。如此，就涉及教育启蒙的根本目的或教育理念问题，即我们的教育要培养"什么样的人"的问题。

著名教育家蔡元培认为，教育应该把德性培养和知性培养结合起来，帮助被教育的人，培育他借以发展自己的能力，完成他的人格，对人类文化能尽一份责任；而不是把被教育的人造成一种特别的工具，给抱有他种目的的人去应用的。在蔡元培这里，教育就是对人的心灵、智慧的启迪，就是性情的陶冶和自由独立精神与主体人格的养成。事实上，教育作为一种对象性活动，是一种有意识、有目的、有计划地培养人的社会实践活动。在现代社会，任何一个参与到教育活动中的主体，大到国家、社会和团体，小到教师、学生和家长，对教育都会有各自的期望。为了实现这种期望，就必须明确地规定教育以及教育启蒙的目的。教育和教育启蒙的目的要满足和说明的是，教育应该满足什么样的社会需要以及教育应该培养人具有什么样的身心素质。因此，教育及其启蒙目的的提出要受到一定社会历史条件的制约，体现了人们在一定时期的利益追求和价值取向。

关于教育及其启蒙的目的和功能，历史上有两种观点，一种主张个人本位论，强调从个人自身的发展出发来规定教育的目的，认为教育应当把促进人的个性发展作为自己的目的，例如，夸美纽斯认为教育的目的在于"发展健全的个人"，洛克认为"教育的目的在于完成健全精神与健全身体"，卢梭认为教育就是要"养成正当的习惯"，等等。这种教育目的观把个性的和谐发展、品德的完善和美德的陶冶、知识积累和能力培养作为个人发展的内在需求而主张个人价值高于社会价值。另一种主张国家本位论，强调教育活动的根本目的应是培养国家所需的人才，教育的目的是使受教育者社会化，以便为国家的政治、经济、文化等社会事业服务，并保证社会生活的稳定和延续。例如，法国社会学家迪尔凯姆就否认个人的存在，认为人之所以是人，就在于他生活在社会人群之中，并且参与了社会活动；所谓教育，就是年长的一代给未能适应社会的年轻一代所施加的影响，其目的在于发展其生理、智慧和道德三类品质，使其适应政治社会和具体环境对个人的要求。德国教育家和哲学家纳托尔普认为，在决定教育目的方面，个人不具有任何价值，个人不过是教育的原料而不能成为教育的目的。

不论是个人本位论还是国家本位论，他们的争论涉及教育及其启蒙目的的社会价值与个人价值、社会化与个性化、社会发展与个人发展等诸多方面的关系问题，并且作出了有益的探讨。但是，他们都把自己的出发点和立场推向极端而排斥了另一方面的合理性，因而都没有科学地解决教育及其启蒙的目的问题。马克思主义理论认为，人是自然属性和社会属性的统一、是个性和共性的统一、是主体性和客体性的统一，因此，社会与个人、社会化和个性化、社会价值和个人价值之间是对立统一的关系。任何教育目的的设计必须充分考虑这个事实，即社会创造人，人也创造社会，社会为个人的存在和发展提供必须的条件，并规范和制约着人的创造性活动；而人通过自己的有目的的活动逐步创造着一个以个人全面发展为目的的社会。

在以个人全面发展为目的的社会，人不再被视为是达到某种目的的手段，而是最终的目的，教育也达到了塑造以信仰、德性、知识为基本构成要素的公民的目的。本质而言，人作为具有责任能力的独立个体，是具有了独立人格的行为主体，其人格结构达到了"孤独意识"、"忏悔意识"和"责任意识"三者的统一。

就我们的研究视域而言，通过教育启蒙而建构的"公民人格"，它是体现着人的实践本性和人在追求自由和道德境界的过程中呈现出来的价值存在方式。这里的"公民"不是法学、政治学、经济学和社会学意义上的人，而是指通过教育启蒙而使"人成其为人"的独立主体，公民人格也就体现了作为完整的独立主体的资格，体现了人是作为社会价值和意义的人，是在历史中行动着的完整的人。

公民人格的建构内在地蕴涵了信仰、德性和知识三个方面，也就是要达到真、善、美的统一。但这些不得不依靠教育启蒙来完成，现阶段，我国的教育启蒙及教育理念表现为素质教育，素质教育的发展和完善，对于公民人格的建构具有重要的促进作用。因为人是社会历史发展的主体和自我发展的主体，人的素质是人的主体性得以提高的关键性要素，人的素质提高了，也就更有益于人格的形成与培养。

根本而言，素质教育作为一种教育理念，它不仅是教育理念发展史的革命，而且是教育内容、方法和思路的变革。素质教育旨在将教育扩大到一个人的整个一生，并且把社会的发展和人的潜力实现作为它的目标，把人的体力、智力、情绪和伦理等各方面的因素结合起来，使人成为一个完善的人。实际上，一个"完善的人"也就是具有独立人格的人，也是具有了信仰、德性和知识的公民。因此，公民人格的建构在现实的教育活动中，它与我们现时代提倡的素质教育具有内在的统一性。公民人格的建构离不开素质教育，但素质教育并不是形成公民人格的全部，公民人格是素质教育的最高价值目标，就是使"人成其为人"。在教育的启蒙中，培养并形成公民人格是其根本目的，素质教育是达到这一目的的手段与途径，公民人格的形成与培养可以展开为素质教育活动。具体来说，人的素质表现为德、智、体、美、劳等方面，具有整体性、全面性、多样性和多层次性的特征。所谓素质教育，就是使受教育者在德、智、体、美和社会实践能力等诸多方面全面和谐发展，使人的人格不断完善、精神境界不断提升，主体意识不断强化、生命充满活力，人的创新能力与智慧不断升华的教育，也就是使人的本质力量不断增强的教育。素质教育强调教育活动中的价值追求，在真、善、美的统一下力图实现教育的完整价值，塑造知、情、意统一以及自然、社会、人三者和谐统一的人格和独立个性，它是一种"人的全面发展的教育"。

素质教育体现了公民人格建构的本质和目的，即教化育人，使人成为独立人格的存在。以公民人格建构为最高目标的素质教育首先要重视品德教育，因为以思想品质和道德行为为主的知、情、意构成的精神境界的综合表现是完善人格形成的核心，品德修养是在社会共同体内使社会成员建立和维护人与人的相互关系的基本手段，素质教育就是要使人具备与一定社会关系大致相适应的道德素质，指导人们去追求一种充满理想、情趣、有意义和有价值的生活，不断提升人生的道德境界。其次，要重视智育教育，即以知识为基础的观察、记忆、想象等智慧机能的培养，它是一个人的智慧的综合表现。既要通过教育使人们继承社会文化的历史遗产，也要积极开发人们的智力潜能，形成正确的自我发展意识，培养人的想象、表现和创造能力，具有创新精神，要坚持研究和发现性学习，主动探索，激发好奇心和观察力，不断探索和发现问题，培养独立思考和解决问题的能力，使学生能够化知识为能力和智慧，形成具有自我意识和主体性思维的智慧才能。再次，要加强体育教育，即人的速度、灵敏、力量和耐力等方面的人体机能，它是人身心素质的综合表现。提高人的身体素质，就是要树立健康概念，提高人的身体的社会适应能力、精神适应能力、文化适应能力和情绪控制能力，使每个人不仅具有健康的体魄，而且具有健全的人格。此外，要十分重视美育，因为美是完善人格形成的核心，是人对自然、社会和人自身的体验、感受和认识，是对真与善的提升，是心灵的净化，美育是一个陶冶心灵、净化道德、丰富精神、形成完善人格的过程。素质教育不仅要培养学生正确的审美观和审美意识，而且要激发学生的审美需要和审美感受，提倡高雅的审美情趣，培养学生创造美的能力，形成高尚的审美境界。还有，要特别重视社会实践，培养学生良好的实践素质，即人在与客体发生实际的对象性关系时所表现出来的具体能力。社会实践是人的存在的基本形式，因而是人的各种素质形成和发展的基础，也是实现主体客体化和客体主体化的关键环节。

总之，公民人格的建构在具体的教育实践活动中，要以人的全面发展为出发点，实现人的发展和社会发展的有机统一，为社会的可持续发展提供人力资源支持，也就是指塑造一个以信仰、德性和知识为基本构成要素的公民，并由之构成一个公民社会，让每个人都坚守自己的真实秉性，在享受义务和承担责任中挺身而立，成为第欧根尼所寻找的"真正的人"。

# 第一章 教育的启蒙使命

本书的研究论域属于教育哲学的范畴。教育学的部门学科关心此时此刻的教育安排是否合理并为之提供理论上的论证；教育哲学则探索教育是什么，并通过对研究者所确定的特定关系的分析和历史考察试图回答教育应该是什么。① 教育的部门学科注重对关涉教育的各种现象及其本质的经验阐明，而教育哲学则具有明显的先验反思性质。

## 一 教育：人共同行走的必由通道

孟子曾经说过：人之异于禽兽者几希，庶民去之，君子存之。一般来说，人之异于禽兽在于人有思想。人的思想活动存在于人类的一切行为里，从有人类起，教育就作为一种特殊现象存

---

① 关于教育学与教育哲学相区别的此一标准是否准确并被普遍接受，尚需深入研究，这里不打算就此问题展开进一步讨论。但分析问题又需要先行确定所研究问题的学科性质，在这个意义上说，教育学属于经验的理论科学范畴，而教育哲学则具有先验的理论科学品质，或者说，教育哲学属于教育科学中的形上学。根本而言，教育的应用性研究直接地促进了教育活动的丰富、活跃和进步，这是教育事业发展所不可或缺并非常需要的；但关于教育理论基础的哲学反思不仅具有教育思想转换和提升的意义，而且具有教育文化的更新意义，它促使人们的教育观念发生变化，对整个社会文化的发展有推动作用。胡德海教授对教育学体系基本结构由宏观、中观和微观三个构成层次进行了富有成效的思考，参阅胡德海《教育学原理》，甘肃人民出版社1998年版。

在于人类社会的活动中。但是，就教育学而言，人类的教育活动和教育现象首先表达在关于教育目的、手段和方法等各种由情绪和表象构成的知识中，而教育哲学则是对这些教育活动和现象以及各种由情绪和表象构成的教育知识进行理论反思。反思一词在德文中是 Nachdenken，它是由 Nach（在……之后）与 denken（思想、思考）复合而成，直译为"后思"，黑格尔认为，Nachdenken 意即对于具有为思维所决定所浸透的情绪和表象加以思想。黑格尔指出："有限的东西、内在的和外部的现实被人们用经验加以把握，并且通过理智提升到了普遍性。"① 就是说，一般原理性是对经验特殊性的理论反思和提升。他在论述哲学与其他具体事物和经验知识的关系时认为，哲学是对具体事物和经验知识的"后思"。同样的道理，教育哲学作为教育学科中的"哲学"，其任务就是对于还浸透于各种情绪和表象中关于教育的知识或意识形态加以后思（Nachdenken）所产生的思想理论和科学体系。没有这些在历史上教育活动过程中积累和形成的、浸透在情绪和表象中的关于教育的经验知识材料，就不可能对之进行教育哲学的后思或反思。

任何对问题的探讨都需要确定一个入思或反思的角度，以便使问题得到较好的阐明。我们将从教育的启蒙使命及其对公民人格建构功能的入思角度，对教育是什么或者应该是什么给予哲学阐明。

教育的启蒙使命是关涉人类社会和每个民族国家存在和延续的重大命题，历来被思想家、哲学家和教育学家所重视，成为他们思考和研究的重要题域。教育理论需要从本质上对教育方面的事情进行有条理的反思，教育的理念和目的就是通过知识在培养和教化人成为一个公民时表现出来。近二三十年来，在世界范围

---

① 黑格尔：《哲学史讲演录》第四卷，商务印书馆 1993 年版，第 5 页。

的教育改革的宏观背景下，我国的中等教育和高等教育领域正在经历一场空前规模的重大改革，中学和大学的课程体系以及学科体制、管理体制处于剧烈的变动之中。然而，无论教育专家们以何种的鉴别力预先规定不同的应授科目，并在传授时作出化整为零、秩序有效的精心安排，我们还必须面临更为重要的任务：必须对借助于教育机构所传承的知识类型及其性质作出必要的反思，使教育者和受教育者对教育所承载的精神价值有明确的认识。

人类形成知识既要满足自己求知的兴趣，满足人类实现主体客体化和客体主体化的实践需要，更要通过教育来传承知识并塑造国民的心志和人格。所以教育的首要任务是传授一种文化的"观念体系"。文化作为人类对历史地积淀起来的世界及其自身的基本认识，是由对事物本质的认识构成的世界观体系，是每个时代赖以指导其生存的价值观念。知识是文化的核心内容，是经过理性反思并概念化的文化。进入文明社会，人类是通过教育传承的知识体系来完成对人的教化的。人不仅是自然生成的人，更是通过教化而成为人的。真正说来，教学生学好知识并不是教育的首要目的，立足个体生命本质的自由发展，使个体成为一个真实的人，才是教育的首要目的。任何时候，教育的基本立场都应该是："坚持个人人格的无限价值；坚持每个人对自己命运的终极负责。"①

教育，教书育人之谓。教书是先生的事，育人则是全社会的事，教师和父母的责任尤其重要。教育工作者要明白，教育的前提、对象和结果都是自由而活泼的单个人，而不是概率化的复数意义上的人。尊重每个人的自由本性就是让每个受教育者坚守自己的真实秉性。

---

① 沛西·能：《教育原理》，人民教育出版社1964年版，第5页。

　　教育是一种社会现象，也是一种认识现象和心理现象。作为一种社会现象，教育是以人为对象的，教育作用于人的是社会知识文化，其目的是造就人和发展人。康德认为：教育是一种艺术，这种艺术的实践必须经过许多世代才趋于完善。用前一代人的知识装备起来的每一代，总是能提供一种教育，适当地和有目的地发展人的一切能力，引导整个民族向着它的目标前进。实际上，一切教育都具有文化传承、人文教化和人类资源开发的功能，但是，这些功能能否有效地实现，还取决于教育活动能否培养出合格的社会文化的继承者、社会规范的服从者和社会财富的生产者。如此，就涉及教育的根本目的问题或教育理念问题，即我们的教育要培养什么样的人。

　　教育目的是什么？在历史上，一种是从社会的需要来确定教育目的，称为社会本位论，中国古代的《学记》认为教育目的是"欲化民成俗其必由学"；迪尔凯姆认为教育在于使青年社会化——在我们每一个人之中，造成社会的我，这便是教育的目的。另一种是从个体发展来确定教育目的，称为个人本位论。如夸美纽斯认为，教育在于发展健全的个人；杜威说："教育即成长。"另外，认为教育除了促进个人生长之外，没有其他目的，又称教育无目的论。

　　在古希腊，教育的主要目的是使人的个体灵魂对现实的不断超升。希腊人的初等教育观念中还较多地具有实用的目的，高等教育则着重于人的灵魂向彼岸世界（理念世界）的真理的接近。学算术是"为了观察数的性质"，几何学是为了"引导灵魂接近真理和激发哲学情绪"，天文学不是为了航海，而是为了思索宇宙的无穷，其中，只有"辩证法"，即理性对概念的哲学沉思，才是投身于理念世界的最高的知识。中世纪基督教的教育思想虽然强调信仰和道德先于并高于知识教育，这种信仰教育却在把人的灵魂真正提升到纯粹的精神性上来，使西方人对人格自由有了更深刻、更牢固的基础，人的自由不只是对自然物的驾驭和任意支配，而且是对自己超自然的本质，即上帝的精神本质的体认。近代大学不单是传授技能的场所，更是养成科学精神和探讨宇宙奥秘的殿堂，这种科学精神本质上是一种人文精神，它与艺术精神、宗教精神和伦理精神互相补充和互相需要，为人的本质力量的全面发展和自由创造开辟道路。

西方社会进入现代以后，随着科学技术在现代生活中起着越来越关键的作用，斯宾塞在《教育论》里认为科学知识最有价值，"就科学知识与指导人类活动的关系来说，世界上的一切活动都离不开科学知识。"科学及科学教育的日益专业化、技术化和实用化了，使科学凌驾于其他精神生活之上，最终造成了人片面化的发展结果。

在我国现代教育理论中，认为教育目的是根据一定社会的政治、经济、文化科学技术发展的要求和受教育者身心发展状况由国家确定的培养人的总要求。"教育目的是教育工作的出发点和归宿，是确定教育内容，选择教育方法，检查和评价教育效果的根据"；"教育目的随着社会的政治、经济、文化科学技术的发展和对受教育者身心发展规律认识的深化而发展变化。在阶级社会里，教育目的具有阶级性。马克思主义关于人的全面发展的思想是确定社会主义社会教育目的的理论依据。"①

教育科学是关于人类知识与价值观念传递和人的能力、品格培养这种特有的社会现象的知识体系。教育科学首先要回答"教育是什么"这个根本问题。

"教育"一词在我国最早是由孟子提出来的，他说："得天下英才而教育之，三乐也。"② 在我国古代，对教育有许多解释，

---

① 《实用教育词典》，吉林教育出版社1989年版，第557页。
② 《孟子·尽心上》。

《中庸》认为"修道之谓教"，"以善先者谓之教"①，"教，上所施，下所效也"，"育，养子使作善也"②。

在我国 80 年代出版的辞书中，认为"教育是培养人的一种社会活动，是传递生产经验和生活经验的必要手段。广义的教育，系指一切增进人们的知识的技能，影响人们的思想品德的活动，自有人类社会就已产生。狭义的教育，主要指学校教育，即指教育者根据一定社会（或阶级）的要求，有目的、有计划、有组织、有系统的对受教育者的身心施加影响，把他们培养成为一定社会（或阶级）所需要的人的活动，是人类社会发展到一定历史阶段的产物"③。在我国近年出版的辞书中，教育被理解为"传授知识、技能与培养品德的行动或过程。尤指通过学校正规的课程讲授来提高学生（或学员）的德智体水平"，是"教导"。④

在西方，教育一词，源于拉丁文 educare，本义为引出或发挥，用指教育活动即引导儿童固有能力得到完满发展。英文 education、德文 erzichung 均源于此。各国学者由于观点和视角的不同，对教育有多种定义。英国斯宾塞认为"教育为未来生活之准备"，法国社会学家迪尔凯姆认为"教育就是系统地将年轻一代社会化"，美国哲学家和教育学家杜威认为"教育即生活"、"教育即成长"、"教育即经验之不断改造"。

一般来说，教育学家可能会告诉我们："教育是……"不论在这个关于教育的本质陈述方式中，提供一个什么样的谓词规定，问题似乎得到了一个不坏的答案，但思考的可能性也就终止

① 《荀子》。
② 许慎：《说文解字》。
③ 《实用教育词典》，吉林教育出版社 1989 年版，第 557 页。
④ 《新世纪现代汉语词典》，京华出版社 2001 年版，第 597 页。

在这种事实性的判断陈述上了。

　　教育学不仅仅思考教育是什么的问题，我们的任务还在于如何能在对教育的追问中拓展出更大的思考空间。其实，思考教育问题，首先是思考国家的政治哲学基础，是思考教育概念的文化演进及其后面的哲学—文化逻辑，是思考人的特性，也是思考人作为社会动物的权利构成。

　　进化论预设了人类从动物演化而来的自然目的论前提。人与动物存在一个共同的群聚存在状态："与……一道。"这里的"一道"既是在"一起"（to - gether，聚集），又是在同一条"道路"（path）行走。

　　动物"一起在同一条道路上行走"是依靠本能的力量聚集起来的，动物生存的本能服从于自然的自在目的，它未能将自身的目的和意志提升到精神（geist）或灵魂（ghost）的层次，因而它的生存经验和生存智慧是通过本能遗传来实现种族传递的。

　　而人"一起在同一条道路上行走"则不仅依靠家族相似，人还依赖于别的聚集力量。亚里士多德说："动物生来具有感觉，它们中有一些从感觉得到了记忆，有些则没有。由于这个缘故，那些有记忆的动物就比不能有记忆的动物更聪明，更善于学习。"但是，"那些靠表象和记忆生活的动物很少分有经验，唯有人类才凭技术和推理生活。人们从记忆得到经验，……通过经验得到了科学和技术。"① 动物的经验表现为大量的偶然记忆，人则能够在同类事物的不断经验中获得普遍判断并形成知识。人类的许多感性经验已经淹没于时间的流逝中，以普遍判断的形式而形成的知识成了保持人类经验以免于湮灭的主要方式。"知与

----

　　① 　Aristotle：*Metaphysica*，980$^b$ 21—980$^a$ 24，参阅苗力田主编：《亚里士多德全集》第七卷，中国人民大学出版社 1993 年版，第 27 页。

不知的标志是能否传授。"① 人类不仅生产知识，而且还以某种方式保存和传授知识，知与不知的区别之一在于从经验中获得的普遍判断而形成的知识的可传授性。

人类通过教育有意识的传递知识和保存文化，大概是与死亡意识有关。死亡是个体生命的必然归宿，任何个人都不可能抵御死神的召唤。由于死亡，任何属于个体生命的关于世界和社会以及人自身的知识都将随个人生命的终结而消失，而后人们将在同一水平上重复和继续前人探索的足迹。因此，要想使知识获得永恒的效力，就不能只让它寄居于个人，而是将它建构成一个可以分享的知识世界，并通过教育使文化知识得以保存和传递。

保存文化的唯一方式就是传授这种文化。② 保存和传授知识有两种主要方式。其一是通过语言文字使知识在静态形式中确定下来。语言的作用在于对知识进行编码，语言学家索绪尔（Saussure）认为，在语言产生前的意义世界和声音世界都是混浊不清的，是语言将意义和声音切换成一系列音义对应系列并构成语言文字系统的，语言及其书写文字使人类进行概括性交流和分享个体经验成为可能；其二是通过教育使知识在动态形式下获得可传授性。个体在生命实践中获得的知识与经验，如果不能通过教育转化为可以共享的"公共知识"，就会随着个人生命的消亡而消失。教育使每一代人都在较高的水平上接受前人的知识和经验，并把自己时代的知识和经验传递给后人，如此，教育就是构成一条人共同行走的可能的通道（passage）。但这是一条什么样的通道：pass—age？这个通道（passage）仅仅是一个过去或消失（pass）的时代（age）？教育不仅传承过去时代已经形成的知

---

① Aristotle: *Metaphysica*, 981ᵇ9, 参阅苗力田主编：《亚里士多德全集》第七卷，中国人民大学出版社1993年版，第29页。

② Kneller, G. F. *Foundation of Education*, 1963, p. 332.

识，教育也必然因生产和创造知识而指向未来；教育通过人类的知识形态把人类聚集在一起共同行走在同一条道路上，它把人从自然状态中提升出来并使人之为人。

亚里士多德说："一切技艺，一切研究以及一切实践和选择，都以某种善为目标……万物都是向善的。"[①] 知识和行动是人类活动的两大领域，因而，理论和实践是万古常新的哲学课题。教育也是一种艺术，也应该以某种善为目的。与形而上学（metaphysik）和物理学（physik）相比较，教育学和伦理学一样，这类活动都是属人的，是实现活动（energeia）。在希腊文中，"实现活动"（energeia）是由"在内"（en）和"业绩"（ergon）构成的，即在潜能中把业绩创造出来。所以，教育作为一种实现活动，就是促使人的内在潜能得以实现并创造出业绩。

人是一种历史的存在，一种文化的存在，有其个体的生命心智、思维禀性、情感倾向和意志品质。在人类生活实践的过程中，通过心智的力量，人弥补了动物凭完善的器官和本能超过人的某些地方。人的生命心智是人"心"与人所创造的知性世界（包括知识系统）的融合，是集体无意识、文化积淀、经验、理性、教养、判断力和想象力的综合。人的心智并非只是作为人的体力缺陷的某种补偿，而且还能够使人在历史发展中不断实现自我，从而超越自然原始属性的种种限制，使外在的现象世界成为人类精神观照的客体。个人的判断力、想象力和实践力，都来源于心智。没有健全的心智，人就会失去自我。

通过教育把人从自然状态中提升出来并使人成为人，被认为是教育所担当的启蒙使命。所以，通常认为教育的首要任务就是启蒙。

在汉语思想的语境中，启蒙几乎被理解为教育的同义词。

---

① 亚里士多德：《尼各马科伦理学》，苗力田译，中国社会科学出版社 1999 年版，第 1 页。

"蒙"，是易经中的一卦，意指山下出泉，它的卦象是如清水从黑暗的大山腑内流出来，就像黎明太阳出来的过程，天光由朦胧变成光明。这种意象与西方启蒙运动的意义相当近似。"蒙"这个卦从山下出泉引出的真正意象是蒙童，即才开始学习的孩子。启蒙，其实就是发蒙，是指通过"教育"使孩童的思维由懵懂（黑暗）状态进入清明。启蒙是一种教育，而"蒙"是指某种类似儿童的心智不开的状态，是"不懂事"，是愚昧。

教育就是启蒙，而一旦说到启蒙主要就是指教育。人们一般称第一位授业教师为启蒙教师，中国古代称进行基本教育的学校为蒙馆、蒙学，其学生为蒙童。因此，"启蒙"含义有二，一是指传授基础知识或入门知识，如"启蒙教育"；二是指提供新知识或启示人的心智，如"启蒙运动"。①

真正说来，教育的启蒙使命并不仅表现为从无知走向有知，这只是通过教育而达到启蒙的最初意蕴。在教育启蒙通过知识传递和教化把人从无知状态提升到有知的文明状态后，知识本身会对人造成新的"蒙蔽"，对知识造成的这种新的蒙蔽进行启蒙，便成了教育所面临的真正使命。通过教育传递知识而实现对人的启蒙教化，但通过教育而获得的知识又会对人形成新的蒙蔽。这里，表现出一个复杂的怪圈，一种启蒙辩证法：教育通过知识来启蒙→知识造成新蒙蔽→通过教育实现新的启蒙→新知识造成的新蒙蔽……教育与知识的这种矛盾关系，恰是人类的知识和教育获得自我更新和发展的永恒动力。

## 二 教育启蒙：敢于明智与理性自由

对启蒙思想历史演变过程的分析对于我们理解教育问题至关

---

① 《新世纪现代汉语词典》，京华出版社2001年版，第927页。

重要。"启蒙"本是一个纯粹的汉语词汇，但在现代汉语以及汉语思想的境域之中，尤其是在事关启蒙的基本理论和哲学基础时，启蒙首先被理解为一种西方话语。

　　在分析启蒙概念之前，我们有必要先了解以下西方哲学发展的主要阶段及其启蒙的主题。一般说来，西方哲学自巴门尼德以来，经历了"本体论哲学"和"主体论哲学"两大阶段。本体论（Ontology）哲学归根结底是神本学；① 主体论哲学则是人本学。本体论哲学相信宇宙有唯一本体，它即是终极目的和终极价值；主体论哲学相信自我（人）是宇宙之本体的支点，只有自我意识的同一性、本体的同一性才是可思想、可理解、可表达的。自我不仅是经验和先验的同一，同时又是主体和客体的同一。主体论哲学虽是人本学，但"人"是被能同一于神本的"理性"所抽象了的。所以，神本或人本，归根结底都是对个人真实性的蒙蔽。

　　什么是"启蒙"？这个问题在康德的时代，康德做了回答；在二百年后的当代，福柯做了回答。当然，从康德之前的伏尔泰、孟德斯鸠、卢梭到其后的黑格尔、马克思、卡西尔、阿多尔诺、哈贝马斯等也都从不同的角度做过精辟的论述。但从启蒙的本体论上，即从"何为启蒙？"的角度来说，康德的命题是最有代表性的。

　　启蒙（Aufklärung）就是"启……之蒙蔽"。与"本体论哲学"和"主体论哲学"两大阶段相应，西方启蒙思想有两大阶段：第一阶段是从文艺复兴到二战之前，其任务是启神性之蒙，

---

　　① 在西方 Metaphysics 中，Ontology 就是以希腊文 On（拉丁文 ens，英文 Being，德文 Sein）为核心范畴以及与其相关的一系列范畴构成的具有形而上特征的理论体系。构成本体论之本体的 On 在不同时代变换着自己的精神面孔，如柏拉图的"理念"、黑格尔的"绝对精神"；基督神学中则就是"神"或"上帝"。

发现人的理性，口号是"上帝死了"，从此，不死的理性成为世界的主宰。这事实上是打破了信仰主义语言霸权，是个性解放的精神，

我们从德文"启蒙"（Aufklärung）一词可以追溯到一个隐喻：这个词的本义可以由一组同义词构成，即光、光明、阳光、光源、发光体……所有这些，使我们不约而同地想到太阳。西方哲学史中关于"启蒙"一词最早的说法，可能来自于柏拉图对话篇中所讲的关于"洞穴之喻"的故事。只有人类真正挺直腰杆，转过身来，直面阳光普照，才有真正的智慧。这已经是启蒙，因为在这里，智慧就是"知道"（知识）人的精神状态不能局限在映在墙壁上的自己的影子，知道在这些影子的背后还有一个光源：真理之光。在这个启蒙过程中，人的精神欲望（想）得到了实质性延伸，这种延伸表现在精神空间的拓展、释放、解放，还表现为精神在一种凝神（出神）状态下的转移、转向，"想"为自己开辟了新的道路，从而表现为念头的变化，它超越了原来念头的界限。

就启蒙是"光明"来说，启蒙所面对的黑暗是信仰主义语言霸权，而启蒙所要反对的，不仅是一种霸权语言，而且是通过反对这种霸权语言而反对语言霸权本身，我们可以说，只有是反对语言霸权本身的思想，才可以当之无愧地称之为启蒙思想。启蒙不是要以自己的语言霸权"取而代之"，而是要求一种让所有的思想都可以坦然发表的宽松气氛，是一种自由和宽容的精神。有了这种精神，人类才有可能永远沐浴着"光明"，而且只要有了这样一种开放语境，人类就有了不断进步的可能。从这个意义上说，启蒙在人类或至少在西方历史上，是唯一的。这种唯一性，就在于它不仅仅是反对某一种语言霸权，而且是把语言霸权本身写在自己的旗帜上，把宽容开明精神写在自己的旗帜上。

实质上，这时期的启蒙是对传统的一种反省。反省，从根本

的意义上说，就是指自我意识；自我从一个外于自身的观点审视自身。文化自身的反省，从本来的意义上说就正是指对自己的文化材料做一种不同的理解，不同的解释。在这里，历史或传统的材料正是被审视的那个自我，这正是构成反省的基础的东西。新东西则是对旧材料重新的解释，是新的表现手法给予旧材料的新的"意义"。

第二阶段是从二战之后到现在，其任务是启理性之蒙，达到个人的存在，口号是"人死了"，从此用有限的个人的存在启理性侫妄之蒙。

何谓理性？现象学的创始人胡塞尔指出：欧洲民族是个哲学的或理性的民族，在欧洲文明的源头，在古希腊罗马人那里，最根本性的就是"哲学的人生存在方式"（"Philosophie"Daseins-form），即根据纯粹理性、根据哲学自由地塑造他们自己，塑造他们的整个生活和律法。在整个哲学的普遍理性的历史运动过程中，欧洲人的存在或存在的意义，或者说欧洲人的人性，全维系于理性，关于认识的真理、伦理的善，以及世界的意义、自由、神等形而上学问题，都属于理性的问题并被加以理性地思考。所谓"理性"，就是"绝对的、永恒的、超时间的、无条件的有效的理念和理想的称号"，是对哲学作为关于最高的和最终的问题的科学，这种理性地把握世界的方式塑造了自古希腊以来的西方理性主义传统，即超越事实和自然物，追求绝对真理并自由思考和自我决定的最理想的精神生活，坚信理性给予一切事物、价值和目的以最终的意义。

实际上，近代以来西方教育理念的形成与启蒙的两个阶段密切相关，从文艺复兴到20世纪中期，教育理念就是根据培养具有理性能力、能够推进科学技术发展的人才目标而设计的。20世纪中期以来，随着启理性之蒙思想的提出，西方教育理念是围绕着对理性进行反思并关切个人性生存境遇存在而设计的。

康德面对的是第一个任务，即运用人的理性启神性之蒙，达到人的理性。启蒙运动是一个欧洲的事件，但关于"什么是启蒙"或"什么是启蒙运动"的争论却在德国人那里成为一个理论问题。尽管始于14世纪的欧洲文艺复兴运动就被称之为启蒙运动，到18世纪启蒙运动似乎早已深入人心，但就西方思想的进程而言，"什么是启蒙"问题的提出十分偶然。1783年《柏林月刊》（Berlinischen Monatsschrift）12月发表了策尔纳牧师（Johann Friedrich Zoellner）一篇反对民事婚姻（不同于宗教婚姻）的文章，他认为在启蒙的名义之下人们的头脑中和心胸中出现了许多混乱。接着他提出了一个极富挑衅性的问题，在启蒙时代质问启蒙：什么是"启蒙"？这个问题几乎像"何谓真理"一样重要，在人们开始启蒙之前，应当予以很好的回答！然而，迄今为止人们对这个问题没有任何回答。

实际上，从16世纪到18世纪，法国、英国以及德国的思想家们对启蒙给予了热情的关注。"人"并不是启蒙时代发明的概念。但是，到了文艺复兴，特别是启蒙时代，人类重新发现了自己本身，人直面自己，不做任何回避，从而对自身做出与以往时代（特别是中世纪）不同的解释。在中世纪人与上帝的观念联系在一起，人的神圣性来自上帝，宗教道德抹去一切真正属于人本身（特别是人的身体欲望）的东西，从而人的念头里只剩下赤裸裸的观念。当精神走出这种禁锢，声称"我是人，人所具有的一切我无所不有"时，就好像匍匐于洞穴之人转身面临太阳，这样，人发展出关于自己的科学（人类学、人种学、语言学、人体解剖学等）；伏尔泰在他《论风俗》一书中，第一次把历史描写为人自身的历史，而不是由神支配的历史；第一次提出"历史哲学"概念，从而与"历史神学"相对抗。布丰在《论人》中为人类学和人种学奠定了基础，认为人类不同种族的区别在于颜色（头发、眼睛、皮肤）、形状（身体和脸形）、自然

（生活习惯）的差别；拉美特利把人等同于一架能生产和消费的机器，把人性等同于人的自然性，从而使精神的转变成为一种时代的时尚。

这些都彰显出近代启蒙运动的核心为弘扬理性、提倡科学、反对迷信与蒙昧，强调"人"的崇高地位。这些知识界精英表现出的是对理性力量的最大信任，力图对欧洲的制度和信仰作出理性的分析。康德称启蒙运动为"让光明照亮人类思想的黑暗角落"，驱除无知和迷信的运动，强调个人应该独立地进行理性思维，而不依附于任何学派、教会和学院权威。启蒙哲学家们表达了对科学和理性的信仰，他们拥护人道主义，为宗教自由、思想自由和人身自由而斗争。他们强调个人的潜在价值，坚信个人能够通过理性之光完善自身和社会。启蒙哲学家将这些价值观念同非宗教倾向和对人类进步的信仰结合起来，为现代观念的形成奠定了基础。可以肯定地说，启蒙运动是任何一个摆脱封建生活方式的国家在其文化发展中所必经的一个阶段。

然而，对启蒙概念的界定及其命意首次进行细致考察并作出哲学回答的是德国哲学家康德。针对策尔纳的质问，1784 年 12 月康德撰写了《回答这个问题：什么是启蒙？》（*Beantwortung der Frage：Was ist Aufklärung？*）的著名论文，来回答"什么是启蒙"的问题。

在康德看来，启蒙之"蒙"有自己的结构。从自己对自己的关系来看，"蒙"主要表现在绝大多数人都习惯于用学者的书本来代替"我"拥有智力，或者用牧师的布道来代替"我"拥有良心；从自己对他者的关系来看，"蒙"就是在自己对自己应承担的无理性能力启用知性的不成熟状态中，习惯引进他人对自己的权力关系，或者是知识成为权力，或者是自己或他人的善良意志对自己构成取代或剥夺的权力关系。

无论是接受既定的知识体系，害怕自己的独立思考跨出共识的界限，以便获得认同的安全感；抑或是在行为和判断中习惯于引进他人对自己的权力关系来构成对自己的取代和剥夺，这二者都出自自己的不成熟状态。

由此，康德提出了他的启蒙观："启蒙"（Aufklärung）是指人们要勇于应用自己的知性从他自己造成的不成熟状态中挣脱出来。康德所谓的知性，是为达到真理认识所必需的理性存在者的先天和主动的认识能力。"不成熟状态"是指无他人引导便无法使用自己的知性的那种无能。不成熟状态多半是自己的懒惰和胆怯造成的。因此，"启蒙"的格言是："敢于明智"，即要有勇气应用自己的知性。① 人们并不缺乏知性，关键就在于决心和勇气。启蒙首先是个人的事情，即从人们所习惯甚至觉得安逸的由他人代做决定的状态中摆脱出来——个人必须自由地做出决定。

"独立思考"（Selbstdenken）是康德启蒙思想的核心概念。在《回答这个问题：什么是启蒙?》一文中，启蒙就是鼓励每个人勇于运用自己的理性，而且是公开地运用自己的理性到任何可以公开评论的事物上。只有当每个人把自己内心对公共事务的见解公开讲出来、写出来，别人才有机会针对他的见解提出评论，他也才有机会针对别人对他的见解的评论，再予以评论，这样就形成一个公开讨论问题的情境。如此一来，社会就能逐渐从封闭走向开放。所谓独立思考，就是要求人要自觉地运用自己的理性，对任何以往和现存的流行看法、主流价值或宗教信仰绝不会人云亦云地信以为真，而是要追问这些看法、价值、信仰之所以存在的依据。这里康德强调独立思考的勇气，没有人天生有权利教育你如何思考；如果一个人或一个民族已经习惯于在别人目光的教育下思考，就是一个还没长大的人或不成熟的民族。启蒙并不是

---

① 康德："回答这个问题：'什么是启蒙运动'"，载《历史理性批判文集》，何兆武译，商务印书馆1991年版，第22页。

告诉你如何思考，而是启发人洞见到自己原本就已经具有的充分的理智，只是精神上被管制的习惯使得人既懒惰又没有勇气使用自己的理智，于是启蒙最重要的问题，是解决思考的胆量问题。换句话说，要勇于开拓自己的精神家园！

放开胆量，扩展精神空间，这是康德所谓"意志自由"的真正注解。相比之下，至于康德在其著作中是怎样推论"意志自由"的，倒显得是一个次要问题。精神的胆量是智能本身的素质问题，本体论或认识论只是智能的一个具体方向。启蒙要解决的主要问题，即要容许人们思想方式、说话方式、行为方式的变化，开拓自己的精神家园！正是在这样的意义上，康德把以往的精神专制称作"偏见"。之所以称其为"偏见"，是因为它只容许精神朝着一个方向，即精神专制者所容许的方向。那么，启蒙的效应如何呢？如果每个人都放开思想的胆量，就会出现无数个"他者"，或无数相互冲突的方向，其相互争论就不可避免，这正是启蒙所希望看到的局面。伏尔泰和康德只是说，要对每一个"他者"宽宏大量，要有思想与言论的自由，如此而已。

如果仅只停留在独立思考的阶段，人仍然很容易成为偏见或成见的奴隶。在一个公开讨论问题的情境下，各种偏见、误解、伪知识将随着讨论空间的扩大与讨论时间的持续而消逝，从而在理念上终将获得全人类理性彻底的解放。这就是康德从理论上大大提高了启蒙运动水平的地方，从要求每个人独立思考，鼓励每个人公开运用自己的理性，从而追求全人类理性的真正解放。康德对启蒙运动之所以能予以改造并提升其水平，基本上归功于他所发展出来的"先验哲学"（Transzendentalphilosopie）或"批判哲学"（kritisehe Philosophie）。

康德于1781年发表其不朽名著《纯粹理性批判》，针对理性本身的认识能力展开严谨的审查。人类的理性，就其本质而言，被迫要面对一系列问题的挑战。理性必须就个人所观察或经验到的杂多，依据普遍法则，予以理解为相关的整体，而非一团混乱。自然科学就是在探讨自然现象的因果法则。形而上学则要求追根究底，要深入现象的背后，亦即要探讨那些不再受其他原则制约的最后原则，或是在一系列因果关系中不再要求其他原因的第一因。在形而上学的论证中，一方面有充足的理由支持"世界有一个开端"的主张，但另一方面也有同样充足的理由支持完全相反的主张。到底哪一种主张才是正确，困惑着理性。

争论中的一方是理性主义的形而上学，其代表人物是笛卡儿、莱布尼茨等人。他们认为经验固然是知识的来源，但却深信只有经由纯粹思维（blosses Denken）或纯粹理性（reine Vernunft）才能获得与经验有关的知识。康德称这种论点为"独断论"，因为未经理性批判，他们就将灵魂不朽等基本假定强加于个人身上。

另一方面则是经验主义的形而上学，其代表人物是洛克与休谟。洛克抨击笛卡儿的"天赋理念"学说，主张所有的知识最后都得还原到内在或外在经验，反对知识有严格独立于经验之外的基础。康德称这种论点为"怀疑论"，因为它将损坏一切客观知识的根基。紧随着独断论与怀疑论，康德宣称形而上学的第三个步骤就是批判论。"批判"意味着理性对其自身认识能力的严格审查。因为独断论与怀疑论在形而上学的战场上争论不休，莫衷一是，所以有必要设立法庭，受理独断论与怀疑论的争议。在法庭中由理性本身担任法官，严格依照诉讼程序（Prozess）审理双方的争议。一方面确保理性正当的主张，另一方面对于理性的无理诉求，则依法严予驳斥，这就是批判。经由批判，形而上学作为由纯粹概念组成的纯粹理性知识才能成为严谨的学问。

康德将理性批判所带来的成果称为"哥白尼式的革命"。对于康德而言，哥白尼提出地动说的意义并不在于他推翻了传统的天文学理论，而在于他颠覆了常识性的观点，揭露"太阳绕着地球旋转"是个假象，从而指出真理存在于一个新的、不再是常识性的观点之中。同样地，纯粹理性批判不只是驳斥独断论与怀疑论的缺失而已，它还提供了一个全新的主体与客体的关系：知识不再由对象所决定，而是对象由我们的认识能力所决定。因为每当人提及"客观"知识（objective Erkenntnis）时，似乎意味着"客体"（Objekt）是独立于"主体"（Subjekt）之外而存在着的。康德借着理性批判所推动的"思维方式的革命"则要求，人类的理性要从常识性的成见中解放出来。客观知识的两个认识特征——必然性与普遍性——并非源自客体，而是来自"认知主体"。如果没有经过认识能力的处理，客体将无异于混乱的杂多而已。客体只有在被认知主体感受后，经由知性将其转化为概念、判断或原则，最后再由理性将之纳入思维的最高统一，亦即使各种概念、判断、原则皆不互相矛盾，如此经验才成为可能，才有所谓的"客观"知识。康德就是采用批判的方法，揭露经验之所以可能的先天条件，而这些先天条件在逻辑上（而不是在时间上）先于经验，却又决定了经验，因此也称为"先验"（transzendental）。经由先验哲学，探寻客观知识之所以可能的先天条件，科学的客观性才能获得确保。借着思维方式的"哥白尼革命"，康德建立了全新的主客关系，也凸显了主体的能动性。

这样，主体的能动性在教育启蒙中就是要使受教育者"敢于明智"。我们今天虽然设计了严格科学的教育管理制度，但却无视造成受教育者心智之"蒙"的结构关系。我们今天的教育并没有使绝大多数受教育者避免用学者的书本代替自己拥有智力，没有避免用外在的道德说教代替"我"拥有良心。因此，受教育者仍然处身于无理性能力启用知性的不成熟状态中，习惯于在自己的行为和判断中引进他人对自己的权力关系，构成对自己的取代或剥夺。

那么对于一个个体来说，怎样才算是进入了启蒙的过程？首

先，启蒙既是一个个体脱离"不成熟状态"的过程，同时又是
"走向"而非"达到"成熟状态的过程。所以个人只能是很缓慢
地获得启蒙。其次，这个过程虽然需要被启蒙的引导，但这种引
导仅仅是一个开始，仅仅是启蒙的入口。一旦进入这个入口，被
启蒙者就不再需要引导者即启蒙者的理智，而完全靠自身的理智
了。因此从本质上说，启蒙的过程是一个主动的或自动的过程。
再次，启蒙既然是一个主动的自我启蒙的过程，因此它的主体必
然要经受来自各种各样的反启蒙因素的干扰。于是自我进行启蒙
的主体如果没有足够的"勇气"，仍然会在某个上升的环节上退
缩而中止启蒙。正是在这一意义上，康德更担心的不是一个人理
智的缺少，而是勇气的缺席。因此他宣布说："Sapere aude！"综
此三个层面，如果一个人始终停留在"未成年的状态"，那只能
由他自身负责。什么样的人性状态堪称实现了"人性的最高阶
段"了呢？按照福柯对康德启蒙论的阐释，人类成为成年之日
并非是无需再服从命令之时，而是有人告知"唯命是从但你可
以尽情推理"的时候。这指为推理而推理，而不是为了某种实
用的目的。

　　根本而言，"蒙"是懒惰和胆怯成为习性，又是对不从众而
危及安全的恐惧。我们的教育并没有使受教育者成为一个独立自
由的生命个体，而是习惯于在自己的行为和判断中，都需在别人
给予的既定的框架中获得认同的安全感。我们的教育体制制造了
无数勤奋的学生、科学家和学者，却没有由此提高我们民族的创
新能力，原因在于我们的教育者在鼓励学生德、智、体、美等全
面发展的同时，在自觉或不自觉中扼杀了个体生命的怀疑、批
判、越界的冒险精神。在这种教育体制下培养出来的学生，如同
《西游记》中的唐僧，相貌端庄、品行端正，只要怀抱去西天取
经（追求真理）的远大理想，就成了正义的表征并获得评判其
他行为的价值标准的权力；至于那个充满好奇、探究、上下求索

（除魔降妖）的孙猴子，则是需要用各种原则和规范（紧箍咒）来加以约束的。我们的民族不缺乏道德资源，但我们的教育在培养品行上端庄规范的道德人格的同时，却失落了害怕自己的独立思考跨出大家共识的界限而进入未定论的冒险精神。怀抱上西天取经之坚定信念的唐僧完全可以面对妖精的诱惑，在安全的界线内（金光圈）保持自己坦然处之的安详，但也同时掩饰了自己渴望被未知之物诱惑的生命冲动。外表的端庄安详与内在的激情涌动恰好表征着国人的人格分裂和内外不一致性。语言道说的不是心里想的，心里想的永远不会通过语言获得真实的表达——这几乎成了我们的民族性格。但是，没有对未知之物的好奇、探究的生命冲动，没有怀疑、批判和越界的冒险精神，一个民族就成了"死水微澜"，永远不可能"洪波百尺"，永远无法获得创新能力！

"敢于明智"，就是要勇于运用自己的理性从自己所造成的不成熟状态中挣脱出来。不成熟状态并不是指如同苏格拉底所说的"自知自己无知"的那种非完善的缺陷，而是无法使用自己的理性的那种无能，是由于懒惰和胆怯而成的习性，是对不从众而危及安全的恐惧。因此，教育启蒙要克服受教育者的不成熟状态，就要培养我们的学生具有运用自己理性的勇气。勇气不是表现为无原则的莽撞和无是非感的哥们义气，不是"说出手时就出手"的那种感性快意。勇气是一种建立在理智判断基础之上并努力追求合自然目的性与合人的目的性之目标的美德，这种勇气和决心使我们的知性能够使人的行为奠基于理智判断基础之上并合自然和人的目的。教育者必须认识到，启蒙的根本要义在于每个生命个体必须自由地做出决定，以便从自己所习惯甚至觉得安逸的、由他人代做决定的状态中摆脱出来。

康德认为，启蒙需要自由，即在一切事物中公开运用个人理性的自由，才能实现人的启蒙。

从个别与整体及个人和他人的关系的范畴来考察"自由"

这个概念，自由概念之所指与在必然概念下的所指意义是完全不同的。在整体的存在中，个体的自由如何能够存在？这是一个必须首先回答的问题。既然我们承认理性即对个人欲望或意志的压制，也就是认定个人对于整体，对于他人有意志，是一种"不得不"服从的"被奴役"的关系，在这样的关系中个人的自由是否存在是一个问题。

事实上，康德揭示人性的最高境界时用了一个关键的概念，即"意志自由"。这里所谓的意志自由与"意志的自由"绝不相同。一方面这种意志是自由的、独立不倚的；另一方面，更重要的是它又是自律的、具有道德性的和善的意志。这就意味着其自由性从哲学上划出了明确的边界，即意志只有既不受来自身体的欲望，又不受来自外界的支配时，它才是自由的。按照黑格尔的说法，就是"当意志并不欲望任何另外的、外在的、陌生的东西（因为当它这样欲望的时候，它是依赖的），而只欲望它自己的时候——欲望那意志的时候，'意志'才是自由的"。绝对的"意志"就是欲望成为自由的意志。自己欲望自己的"意志"，乃是一切"权利和义务"的基础。它自身是绝对的、在自己为自己的、永恒的"权利"，在和其他各种专门的权利相比较的时候是"最高的权利"。靠了这种最高的权利，"人类"成为"人类"，所以它是"精神"的基本的原则。

无论是康德从人之"真正成为人"的前提，还是黑格尔从"最高的权利"或人类精神的基本原则等角度来讨论意志自由，都有一个共同的人性论的预设，即意志自由是人性上升的"阿基米德支点"。没有这个支点，人性就只能沉沦于动物性或者"未成年状态"之中，有了这一支点，人性的潜能——诸如人的先验道德律等——就被激发出来，通往"人性的最高阶段"。意志自由作为人性启蒙的"阿基米德点"，还意味着它本身主要作为一种动力而存在，正如卡西尔论述启蒙哲学时所强调的："启蒙思想的真正性质，从它的最纯粹、最鲜明的形式上是看不清楚的，因为在这种形式中，启蒙思想被归纳为种种特殊的学说、公理和定理。因此，只有着眼于它的发展过程，着眼于它的怀疑和追求、破坏和建设，才能搞清它的真正性质。"①

据伯林在《反启蒙运动》中对康德的理解，只有那些主动行动而不是被迫行动，那些在自愿接受的原则指引下根据道德意志的决定采取行动，并在必要时进行抵制，而不是出于不受他们驾驭的因素——不管它是物质的、生理的还是心理的（例如：情绪、欲望和习惯）——无法摆脱的因果压力的人，只有这样的人，才能被恰当地认为是自由的，或者才能说他们是道德的行动者。康德指出："我们是有理性的存在物，我们的内心道德律使我们独立于动物性，甚至独立于感性世界，追求崇高的道德理想，摆脱尘世的限制，向往无限的自由世界。这才真正体现了我们作为人类的价值和尊严。"② 无论在什么时代还是哪个民族，也无论是人类还是个人，都需要以一种"道德律"作为精神支柱以维护自身的价值与尊严，而这一道德律又必须是形而上的。他还强调：世界上无论什么时候都需要形而上学，不仅如此，每个人，尤其是每个善于思考的人都要有形而上学。在这种"为道德而道德"的形而上层面上，人格、信仰、上帝等终极性的人性超越性因素得以进入自我启蒙的内涵结构之中，成为人实现最高本质的标志。启蒙神学家莱辛所推崇的形而上的"信仰"就蕴涵着这样一种认识："世界归根结底是作为自己核心的理性的表现形式，而且人们可以，也应当以道德之身生活在这个世界上。"③

---

① 卡西尔：《启蒙哲学》，顾伟铭译，山东人民出版社1996年版，第5页。

② 康德：《实践理性批判》，商务印书馆1996年版，第164页。

③ 维塞尔：《莱辛思想再释——对启蒙运动内在问题的探讨》，贺志刚译，华夏出版社2002年版，第65页。

真理必定使人类走向道德的完善，换言之，道德意志要求人性自身最终抵达启蒙人格的完成。人性启蒙的过程于是成为自由与自律相统一，理性与信仰相统一，欲望与意志的统一的过程。完成了这一过程，人就不复是单纯由欲望决定的人，即"欲望的人"，不复是单纯由情感决定的"情感的人"，也不复是单纯由理性决定的人"理性的人"或"单面的人"，而是真正成为人的、启蒙了的、道德的和自由的人。

事实上，只有人的理性才能建立起整体和个体关系或个人和他人关系中的自由，理性指导或控制着盲目的意志以维护他人和整体的存在，而以选择的权利保持着个人的意志自由。人的理性是人的本质，它一方面是人认识和改造世界的工具或武器，另一方面，就是人的自我意识或不断反省自身的精神——有强烈的道德感的人；人本主义和理性主义（启蒙思想的核心）如果用一个概念来概括，那就是自由。

人的自由——自在的存在一方面是使现象界成为一个完整而可靠的法则世界的前提，另一方面又是一切道德法则的根据，而最后则是每个人之绝对尊严与不可让渡的绝对权利的基础。人是自由的，所以每个人自己就是其存在的目的本身，而作为目的本身存在，这是人的全部尊严的源泉；同时，人是自由的，因此，他赋有这样一个不可侵犯、不可让渡的权利属性，即每个人都必须被允许按自己的意志行动。这一权利属性是每个人的一切其他权利的基础。因此，当康德在为自由辩护的时候，他也就在为每个人的绝对权利与绝对尊严奠定基础。康德在完成了他的哲学使命的同时，实际上也为一切人文科学/人文教化奠定了基础——因为既然人的理性自由是绝对的，那么，自由理性给出的一切自由原则理所当然地也就成为以教化人类、提拔人类为目的的一切人文科学所必须奠定其上的原则。所以，一切传统的人文科学或人文教化传统都必须接受自由原则的洗礼，才有继续存在的理由。因此，如果说人们要面对现时的"现实"，那么，这个"现时代的现实"首先就是被启蒙唤醒或将被启蒙唤醒的人类个体，也就是觉悟到自己的本相身份而要求索回并维护自身权利和尊严的自由个体。

从这个角度出发，理性自由有两种：一种是理性的公开运用即公共理性（高度的公民自由），"对于这种启蒙除了自由之外并不需要任何别的东西，而且还确乎是一切可以称为自由的东西中最无害的东西，那就是在一切事情上公开运用自己的理性的自由"①。另一种是理性的私自运用即私人理性（低度的公民自由），"一个人在其所受任的一定公职岗位或者职务上所允许的对自己的理性的运用，我称之为私下运用"②。社会是一个复杂的共同体，牵涉各种各样的利益，每个人在共同体中具有各种不同的身份，如他既是一个纳税人，又是一名学者，既是一个现役的军官，又是军事专家。作为纳税人他必须纳税，不能对他所承担的义务擅加指责，但作为一名学者他可以公开发表言论，评论乃至抗议这种税赋及其制度；作为一个军官，他必须服从命令而不能抗辩此项命令的有用与否，但是作为一名军事专家，他可以对军事业务进行公开的评论和分析。就公民作为纳税人或军官的身份而言，他们都是不自由的，即低度的公民自由，他们受那种身份约束而所能运用的理性就是私人理性。就公民作为学者或军事专家的身份而言，严格地说所有人而不应该仅限于学者都具有同样的权利来无限自由地使用理性，即高度的公民自由。康德的意思是说，如果个人处在社会所委托、派定的职位上，就必须按其规则行事，恪尽职守地运用自己的理性。这虽是对自由的限制，但为社会生活所必须，并不排除超出职责范围之外的反省批

---

① 康德：《历史理性批判文集》，何兆武译，商务印书馆1991年版，第24页。
② 同上。

判的理性思考。关键在于个人协调二者的能力。至于那种以制度的方式限制理性思考的自由和阻止人类启蒙的神圣权利，则是有违人类天性的。

康德的理性自由的启蒙思想，要求每个时代的教育活动，要担当起培养公民在一切事物中自由地运用个人的理性能力这个重要任务。

因为对人自身的自由存在的自觉是启蒙运动最核心的本质事件，它标志着人类开始摆脱自身的不成熟状态。所以，康德把启蒙看作"是人类摆脱自己造成的不成熟状态的出路（Ausgang）"①。也就是说，启蒙是人类走向成熟的一个必经"关口"。因为所谓"不成熟"，也就是指人类及其个体的这样一种存在状态，即在没有他者引领下就不能使用自己的理智。因此，没有领导也要造出一个领导。在这种不成熟状态下，人自己实际上始终是以权威或领导者的附庸这种身份存在，而不是作为自主使用自己理智的那种主人身份存在。要使人类摆脱这种不成熟状态，只有一种可能，那就是揭开人类的自我蒙蔽，使人类个体普遍觉悟到，自己作为一个理性存在者是一个不可替代的自由个体——而这正是启蒙的根本要义与核心要务。正是通过启蒙而使人类个体普遍意识到自己是自由的，每个个体才能够、也必须独立自主地行使自己的理智，担当起根据自己的意志进行决断的行动，由此，才不再是作为权威或领导者的附庸而出让了自由，而是作为他的本真身份，也即独立自主的自由个体行使其不可出让的权利。

我国著名教育家蔡元培先生认为，教育应该帮助被教育的人，给他能发展自己的能力，完成他的人格，于人类文化能尽一

---

① 参阅康德《什么是启蒙？——历史与哲学论集》，Juergen Zehbe 编，Vandenhoeck und Reprecht in Göttingen，1994，第 55 页。Ausgang 在德语里既指"出路"亦指"终点"。

份责任；而不是把被教育的人造成一种特别的工具，给抱有他种目的的人去应用的。"教育当以受教育者全体能力之发达为标准"，这就是蔡元培先生所提出的教育目的，即教育是对人的心灵和智慧的启迪、性情的陶冶和自由独立精神及主体人格的养成。从教育启蒙的角度来看，如果我们的教育不能使受教育者提高自己的理性能力，并在一切事务中拥有公开运用个人理性的自由，那我们的教育活动就不能培养出有创造精神的公民。

康德关于公共理性与私人理性的划分，不仅关涉社会——共时结构，而且也关涉历史——代际关系。这些结构和关系，使得思想自由的人，却无处不遇到诸如偏见、习惯和制度的种种障碍，从而被套上了思想的桎梏。在近代启蒙运动之始，培根就把盘踞在人们头脑中的妨碍获得真理性认识的一些错误观念和偏见也叫作"假象"（idola），这些假象共有四个：一是种族假象，即人类天性中的共有的缺陷，是由于人类喜欢以自身为尺度而不以自然本来面目认识事物，结果歪曲了事物的真相；二是洞穴假象，即个人特有的偏见，是由于个人从自身教育、环境、性格出发观察事物而导致的缺陷，犹如个人坐井观天；三是市场假象，即人们交往中由于语言概念不确定或使用不当造成思维混乱而产生的偏见，它使人纠缠于文字争论之中；四是剧场假象，即由于盲目崇拜权威、迷信传统思想体系而造成的偏见，传统思想体系犹如戏剧演出时的布景，使人远离真理。培根教育启蒙的主要理想就是要破除有习惯和偏见而造成的这四种假象，使人们能够真正认识真理。

康德则进一步认为，人类社会之所以成其为社会的结构乃是束轭公开地运用个人理性的真正渊源。本来，公众为自己启蒙不仅可能而且几乎无可避免，只要让他们自由就行了。但自由一旦成为启蒙的必要条件，启蒙就成了一个政治问题，就不仅仅是个人就能决定的事了。因此，自由地应用自己的理性（启蒙）的障碍不仅来自个人自身，而且来自外在的制度。

自由地应用理性是启蒙的最高诉求，但是，这种在康德看来最无害的东西其实也就是人类公共生活中的最大禁忌。任何一种制度在通过教育传授给国民以知识的同时，也不同程度地阻碍公民自由地应用自己的理性。当然，使自由地运用自己的理性成为禁忌的不能仅仅归因于政治，还有社会、历史、文化等诸多因素。因此，任何试图通过一次政治革命就完成启蒙的想法是简单的，因为思想方式的变革是一个漫长而曲折的过程。今天，我们越来越明白，不论是"五四"运动，还是新中国的政治解放，以政治事件为标志的任何一次政治运动，都无力担当起启蒙艰巨而复杂的任务。

教育必须担当起不断启蒙的使命。如果说，在近代，启蒙是社会精英分子对广大民众的教化，而在现代，启蒙就有了自我唤醒、凸显个人独特性的新的内涵。启蒙的意义就在于重新审视和反思那些被压抑、被隐没的问题，祛除权威话语和谎言对于人的蒙蔽和欺骗。不断地去蔽，不断地求得内心的敞亮与澄明，这正是个人意义上的启蒙之涵义。启蒙所照亮的教育当是对各种形式的霸权的消解——对理性霸权、科学霸权、知识霸权、话语霸权的消解。知识不再是对个体经验的强暴性的压抑的力量，而成为一种解放人的力量。当教育不再是简单地传授知识，而是批判性地审视我们与真理的关系、叩问我们现实存在的境况，并审慎地规划我们行动的方向时，教育便获得了启蒙的意义，并真正有助于具有完整人性的人的生成。当我们的教育中不再有占统治地位的哲学，我们的教育不再为流行的时尚所污染，不再有强求一律的评价标准，教育具有自己独特的品格和不断更新的内源性动力时，教育与启蒙才有可能联手去创造理想的人生与理想的社会。

根本而言，不断启蒙是人的本性，是人类的神圣权利。康德指出，任何一代人都没有制定一项妨碍人类进一步启蒙的契约并使之永恒化的权利，"一个时代不能结盟而共谋，以把下一个时代置于如此一种境况，在这里这个时代无法拓展他们的（尤其是十分迫切的）知识，清除错误，并且一般地在启蒙中继续前进。这会是一种违反人类本性的犯罪行为，人类本来的使命就恰好在于这种进步；因此后世拒绝那种以未经授权的和犯罪的方式得出的决定，也是完全正当的"①。康德在此几乎赋予了教育启蒙神圣而永恒的权利，因为它符合人类的本性，只要人类存在，我们就需要教育，需要由教育担当起启蒙的使命，提高人类的理性能力，增进每个公民在一切事物中公开运用个人理性的自由及其能力。任何一个参与到教育活动中的主体，大到国家、社会和团体，小到教师、学生和家长，都应明了教育启蒙是出自人类本性的神圣权利，任何教育活动和体制安排都不能违反教育启蒙的神圣使命。

康德的启蒙观构成近现代教育理念的重要思想资源：教育的启蒙使命就是要使受教育者敢于明智，除去蒙蔽，而不仅仅是掌握知识，不能用学者的书本代替受教育者拥有智力，不能用外在的道德说教代替受教育者拥有良心；教育的启蒙使命就是要受教育者勇于应用自己的知性从他自己造成的不成熟状态中挣脱出来，而不是消极被动的接受现有知识，在习惯、偏见和制度的约束中由于缺乏独立思考和批判精神的懒惰和胆怯造成新的不成熟状态；教育的启蒙使命就是要受使教育者在一切事物中拥有公开运用个人理性的自由，即要在社会所委派的职位上按其规则行事，恪尽职守地运用自己的理性，并培养受教育者在超出职责范围之外进行反省批判的理性思考能力。

---

① 康德：《历史理性批判文集》，何兆武译，商务印书馆1991年版，第27页。

## 三　理性的变异：启蒙的辩证法

从最广泛的意义上讲，启蒙的历程即人从动物界不断提升的过程，是文明战胜野蛮的思想历险。因此，"启蒙"是一个随着"历史的视界"的拓展而需要不断解读的主题。所以，在后现代思想家看来，自近代以来，人失却单一的原始含义，不再是人类知识提出的最古老的问题，人分裂为语言、经济、生物的存在，成为科学知识的对象，成为理性的奴隶和近代文明的异化物。譬如法国思想家福柯一生所作的努力实际上是在向西方理性与科学的不可一世的统治宣战。

福柯（Michel Foucault, 1926—1984，法国现代著名思想史哲学家，法兰西学院教授）尽管在"何谓启蒙"的问题上与康德存在着尖锐的对立，但他也承认康德启蒙问题的重要性："现代哲学没能解答而又无法摆脱的这个问题随着此文而悄然进入思想史中。自此，现代哲学历经两个世纪，以不同的形式一直在重复这个问题。……它至少在某方面决定了我们是什么，我们想的是什么以及我们所做的是什么。"[1]

在福柯称为漫长叙事的理性历史之中，一般理性消失不见了，构成人们话语的基本元素的是一系列意义有别、名称各异的名词和术语。康德的启蒙理论是以他的《纯粹理性批判》为基础的，尽管在《回答这个问题：什么是启蒙？》一文里，知性（Ver-stand）与理性（Vernunft）是交替使用而可以彼此互换的，但是在文章的前半部分康德更多地使用知性而不是理性一词，因此，人之启蒙所需要的主要是理论理性，而这就是人进行概念、判断和推理的先天形式和能力。与此同时，实践哲学已是

---

[1]　杜小真选编：《福柯集》，上海远东出版社1998年版，第528页。

康德胸中之成竹，所以即使凭借知性的认识，当其运用于人时，也必须以人的尊严为依归。这样，启蒙理性在康德那里就包括理论理性和实践理性两个层面：前者依照一般的理性，乃是理性存在者达到无论对于自然事物还是社会存在认识的先天条件和原则；而后者则是理性存在者在建立社会秩序时所要服从的法则。康德呼吁人们勇敢而自由地运用的理性，正是这种意义上的理性。

此外，启蒙思维的基本方式是从基督教思维模式中演化出来的，并且这一事件也有其现实的原因，即以人的原则全面取代神的原则，追求包罗一切的统一性是启蒙思维的主流，只不过理性的统一性取代了信仰的统一性。启蒙之所以能够得到正当性证明，乃是因为人秉有能够达到真理、进步与文明的理性，而理性之所以成为人的认识和行为的最终根据，因为启蒙以及启蒙运动舍此别无他途。启蒙与理性的关系在康德那里表现为启蒙与理性的内在一致，启蒙的全部意义就在于自由而公开地运用理性，而对理性的自由而公开的运用必然会导致启蒙。在康德那里，启蒙是达到理性的出路（出口），一旦破门而出，启蒙就终结于理性本身的活动。单单自由而公开地运用理性这个要求并不必然导致启蒙的终结，然而当这个理性被规定为唯一的一种理性体系时，经典启蒙就真正达到终点了。

但是，两百多年来，康德"感性—知性—理性"的先验哲学体系指导我们走完了启蒙之路吗？前述可知，西方启蒙思想有两大阶段：启神性之蒙，发现人的理性；启理性之蒙，达到个人的存在。在启神性之蒙与启理性之蒙之间，法兰克福学派"社会批判理论"的奠基人霍克海默（Max Horkhaimer，1893—1973）和阿多尔诺（Theoder Wiesengrund Adorno，1903—1969）发现了"启蒙的辩证法"：我们的时代通过教育启神性之蒙蔽而发现了人的理性，但是大量的自然与人文的败坏，确证着启蒙理性"自我摧毁"的悲剧图景："历来启蒙的目的都使人摆脱恐惧，成为主人。但是，完全受到启蒙的世界却充满着巨大的不幸。"① 近代以来，通过教育启蒙而取代神性的理性却走向非理性，启蒙走向迷信，这就是所谓"启蒙的辩证法"。

在霍克海默和阿多尔诺看来，启蒙的一切罪过的根源都在于理性本身，更准确地说在于西方文明本身，西方文明的一切进程被他们描述为启蒙的辩证发展过程，所以，他们可以毫无批判地将启蒙与理性主义直接等同起来，因而突出了那个时代人们对于启蒙与理性主义关系的最根本的见解，然而也不限于此。在分析启蒙的概念时他们说道，"由启蒙预先承认为存在和事件的，乃是通过统一性得以把握的东西；启蒙的理想是一个一切皆从中而生的体系。在这一点上启蒙的理性主义版本与其经验主义版本没有区别。各个学派可以对公理予以不同的解释，但是统一科学的结构则始终是同一个。"②

我们可以看到，当理性被规定为某种理性主义的时候，启蒙就与这种特定的理性相分离了，就此而论，并非启蒙不再需要理性，而是理性主义将自己封闭起来而堵塞了启蒙的出路。自从康德将启蒙规定为大胆地运用自己的知性（理性）以来，西方的主流思想都将理性等同于某种理性主义，也就是某种特定的理性结构。这是一种严重误解，因为理性本身并不等于某种特定的理性主义理论，而且理性的范围也包括自然科学，而在这里我们虽然可以说基础性问题始终使自然科学在确定性和普遍性方面面临着挑战，但是所谓理性的毁灭却难以成为有意

--------

① 霍克海默、阿多尔诺：《启蒙辩证法》，洪佩郁、蔺日峰译，重庆出版社1990年版，第1页。

② Horkheimer, Max, Adorno, Theodor W. Dialektik der Aufkkaerung [M]. Theodor W. Adorno Gesammelte Schriften, Band 3, Suhrkamp, 1997. P. 23.

义有根据的断定。

霍克海默和阿多尔诺进而将启蒙与神话结合起来，断定启蒙就是神话。于是，启蒙的辩证法就被诠释为启蒙与神话之间关系的辩证法。亦即随着人的主体理性不断地强化与膨胀，启蒙越来越暴露出其自身的缺失与弊端，并逐渐向神话倒退。这是因为启蒙精神支配了精神本身，所以精神实际上就变成了自我支配的工具。因为启蒙理性不是客观的，而是服从于人类征服和控制自然的欲望，因而是工具性的。这种工具理性精神盲目地服务于人类的生产和生活，以役使自然为代价；排除差异与多质，从而获得便于管理和统治的同一世界。

霍克海默、阿多尔诺认为，启蒙精神退化为神话的原因与启蒙摧毁神话的原则是同一的，具体表现为：第一，在神话中，正在发生的一切是对已经发生的一切的补偿；在启蒙中，情况也依然如此：事实变得形同虚设，或者好像根本没有发生。这就是说，启蒙精神以知识代替幻想，以理性战胜迷信以后彻底否弃了神话，切断了历史，切断了自己与最原初的生活世界的血肉联系，成了没有过去、没有历史的东西。因为启蒙不是从过去的传统和历史典范中寻找自身发展的理性根据，而是从未来去寻找，使自己获得永存。但是被启蒙否弃的神话却守护了历史，以补偿的方式守护了历史，记录着人与自然曾经和谐相处的历史，体现着生生不息的自然的力量。而启蒙作为记录着人类不断征服自然、支配自然的历史，当它无穷向前推进的时候，启蒙似乎摧毁了它以前的任何东西而终结了历史，之后又不断从未来追求实际东西的确定性和永恒性，而忘记了现实的存在，使得自身不断向神话倒退。第二，在神话中，人和神的统一性就对应于现象的统一性。现象的统一性是启蒙精神认识世界的基本原理，也是作为内在性构成神话世界本身的原因。统一性或者说内在性都是先验地把现象规定为重复发生但本质保持不变的现象的统一性。也就是说，神话和启蒙理性都是运用内在性原则把每一事件都解释成是特定模式或规律的重复。启蒙精神通过统一的现象认识世界，从而摧毁了神话，但作为启蒙精神的源泉的神话也是以内在性为前提终结了启蒙。色诺芬尼嘲笑众神，因为神是人造出来的，是人的仿制品，启蒙理性的神话也是人造出来的，是理性的狂妄和对自然的僭越，因而也是一种神话的非理性的表现。因为启蒙理性不是客观的，而是服从于人类征服和控制自然的欲望，这种理性可以看作是人类自我持存意识的体现，因而是工具性的。这种工具理性盲目地服务于人类的生产和生活，以役使自然为代价；以工具的有效性和可控制性来裁剪自然和人。这样必然会导致新的专制和奴役。

神话变成了启蒙，而自然变成了单纯的客观性。启蒙作为彻底的神话，是通过现代工具理性主义的方式完成的，这也是现代科技理性占统治地位的结果。它使得数学步骤变成了思维仪式；它把思想变成了物，变成了工具。数字成了启蒙精神的准则，随着启蒙精神的日益膨胀，理性主义达到了极致，理性本身演变成了上帝（就像帕斯卡尔批评理性主义把"生命的上帝"变成了从事几何学的上帝一样），变成了一种难以抵抗的巨大的神秘力量和一般工具的化身，制约和统治着人们的生产与生活。理性并没有给人带来启蒙所承诺的自由、正义。

这样，他们的思想虽然有所启发，但启蒙时代的独特性在这里消失了。事实上他们是要表明，无论启蒙还是神话，它们的本质就是要主宰自然。

人们扩大权力的代价是与他们在其上行使这种权力的东西的异化。启蒙之与事物的关系犹如独裁者之于人们的关系。独裁者只是在能够操纵人们时才认识他们，科学家只是在能够将某种东西制造出来时才认识这种东西。在这里，人们看到的基本话语和论述结构是马克思话语和黑格尔概念的混合，如主体和客体、权力、统治、异化等等，借助这些术语，霍克海默和阿多尔诺构造了西方文明的全部发展就是建立起对自然的征服和对人的极权统治这样一种启蒙历史。启蒙的最后结局在他们的眼光之下，就是自我毁灭。《启蒙辩证法》的一个后来常为人引用的基本理论就是启蒙导致极权，而为此提供的理论证明一般少有人引证，这就是所谓的非理性主义是从理性本身之中生发出来的。如果理性没有得到特别的规定，而所谓的非理性主义又是一个理论体系、一整套的制度纲领等，那么这个断定就是有根据的。卢卡奇在其《理性的毁灭》一书中提出"我们把非理性主义理解为19世纪和20世纪反动哲学的决定性的主流"①。据此，谢林、费希特、胡塞尔、舍勒、雅斯贝尔斯、海德格尔等等都被卢卡奇归入非理性主义，甚至韦伯也不能脱身于外。

启蒙造成了新的理性神话，理性是一种喜欢从个别的东西中抽象出普遍的东西，再从普遍的东西中构造出特殊的东西的能力。理性思维按照一种原理认识，形成统一的科学体系，再从原理中推导出对事实的认识，并按照自己的意愿任意地分割对象，不管是自然、社会，还是人。只有在分割、取舍、重组中，才能确证理性或科学自身的现实性。因而，科学理性与自然的关系，"就像独裁者与人民的关系一样。独裁者只有在操纵人民时才知道人民，科学家只有在能制造事物时才知道事物，并当作事物本身。所以这种科学理性总是把它掌握或制造的实体看成事物或自然的本体"②。这里，人与自然、人与神的区别变的无关紧要了，紧要的是按照自己的意愿再造自然和人，重演科技理性永恒统治的梦想或神话。

---

① 卢卡奇：《理性的毁灭》，王玖兴等译，山东人民出版社1988年版，第9页。
② 霍克海默、阿多尔诺：《启蒙辩证法》，洪佩郁、蔺月峰译，重庆出版社1990年版，第7页。

启蒙造成了对自然的异化。理性不断把自然界改造成自己想支配的那样，致使作为自然界本身的自然界反被遗忘了。自然界的支离破碎就在于自然界的受支配；而没有自然界的受支配这种异化的形成，精神就不能存在。精神对自然的支配，使精神或理性提出了对自然的统治要求，而正是这种统治的要求使理性或精神成了自然的奴隶。

启蒙造成了对人的异化。理性对人的自然的异化，即物欲化。理性一方面把握并再造自然以满足人的欲望，另一方面又支配、统治、再造人的欲望去更大规模地索取自然。如此，启蒙的理性变成了物欲化的理性；理性对人的道德的异化，即冷漠化，就像社会淹没在金钱的冰水中，历史也锁闭在铁的必然性中。

霍克海默、阿多尔诺还认为，造成启蒙灾难性后果的真正元凶就是抽象的理性同一性的思维方式。斯宾诺莎的"自我持存的努力乃是德性的首要基础"的名言，在霍克海默、阿多尔诺看来，包含了整个文明的真正原则。因为这种自我持存的努力，从根本上说就是坚持理性的自我同一性原则，将自我提升为先验主体和逻辑主体，构成了理性的参照点和行动的决定因素。任何人如果不通过合理地按照自我持存的方式来直接安排自己的生活，就会倒退到史前时期。因此，自我持存意味的不是个别人的解脱，而是保持结构的持久稳定。这迫使自我按照技术装置来塑造自己的肉体和灵魂，从而使自我发生异化。这种自我持存的全面施行，使得自我持存不再体现为主体的自我持存，而是主体受技术装置的操控而失去个性，使每一个人成为工具。用霍克海默、阿多尔诺的话来说就是，"主体在取消意识之后将自我客体化的技术过程，彻底摆脱了模糊的神话思想以及一切意义，因为理性自身已经成为万能经济机器的辅助工具。"事实上，霍克海默、阿多尔诺启蒙理性批判，抓住了人类主体体现自身本性最重

要的支点——理性，提出了人类理性畸变为非主体的工具理性从
而对理性自身进行了批判。

　　以霍克海默和阿多尔诺的"启蒙辩证法"为中介，福柯代
表了西方启蒙思想的第二个阶段，即启理性之蒙，达到个人的存
在（Dasein）。针对康德的《回答这个问题：什么是启蒙？》，福
柯在1984年发表了他的重要著作《论何谓启蒙》。在福柯看来，
康德是以消极的方式将启蒙规定为出路（Ausgang），即通过启蒙
教育使人从未成年状态解脱出来，而未成年状态的关键在于人们
愿意接受他人的权威。康德的启蒙是对个人施加的责任："'启
蒙'既是人类集体参与的一种过程，也是个人从事的一种勇敢
行为。人既是这同一过程的一分子也是施动者。……这种情况之
产生，必须是人自愿决定充当其中的角色。"① 如此，启蒙教育
就是一种影响到所有人的政治和社会的存在，或者因此影响到构
成人性的那种东西。但是，教育启蒙如何保障理性的公共使用
呢？这是康德以来我们的教育面临的主要问题：一方面，人类试
图通过启蒙教育来通过知识的传授和掌握，培养和提高公民的理
性能力，增进每个公民在一切事物中公开运用个人理性的自由及
其能力，以摆脱自己的不成熟状态；另一方面，人类在启神性之
蒙中发现了理性，作为人的本质力量的理性却对人造成更为巨大
的蒙蔽，理性取代了上帝的神圣地位并变得比上帝更加专制；脱
离神性庇护的人类能够借理性之助获取更多的知识，知识就是力
量（培根语），借助知识的力量人类开始了征服自然改造社会的
浩大工程，结果招致自然对人自然而然的报复。

　　启蒙教育的理想是增进每个公民公开使用自己理性的能力，
但通过教育启蒙的人们既没有一种内心的法则也没有一种健康的
体制保障理性的公共使用。福柯就此认为启蒙应该是"一些人

---

① 杜小真选编：《福柯集》，上海远东出版社1998年版，第530页。

所作的自愿的选择，一种思考和感觉的方式，一种行动、行为的方式。它既标志着属性也表现为一种使命，当然它也有一种希腊人叫作心态的东西"①。福柯认为，康德的启蒙观给人性中设定了先验知性构架，作为启蒙"敢于明智"的主体根据。而福柯的启蒙之"蒙"可指向各种对象：无知、迷信、信仰、知识、理性、生存状态等，都可造成蒙蔽而亟待启蒙。"启蒙"就是批判的越界，它不再是积累一种完善而永恒的知识体系，而是一种态度、一种气质、一种哲学生活，一种对受限制的历史的省思并超越这些限制的可能性。

福柯重提启蒙，目的是要消解启蒙，他的历史批判最后的目的却不是消散于无，而仍然是某种确定的东西，这就是确定人类渴望自由的形式——它留下了巨大的诠释余地，而这样一种形式是存在于"导致我们建构我们自身并且将我们确认为我们正在从事，正在思想，正在言说的东西的主体"之中的，而这个"我们自身"在福柯看来就是一个自主的主体（autonomous subjects）。这样，福柯虽然努力与以康德为代表的经典启蒙及其运动分道扬镳，然而其最终落脚点，其理论的中心关切仍然在于自主的主体，在福柯的启蒙中，有死的个人终于从不死的神性和理性的遮蔽以及批评的越界中挺身而出并成为真正自由的人，这个鲜活的、有血有肉的生命个体的生存境域不仅成为各种哲学思想关注的对象，而且也成了教育学所无法回避而必须面对的生命存在；由此，教育的启蒙意义就在于：要教人学做"真人"，做一个单数的而非复数意义上的、有正义品性的公民。

---

① 杜小真选编：《福柯集》，上海远东出版社1998年版，第534页。

## 四　教育启蒙与个人真实性

康德的启蒙思想使人们在尼采"上帝死了"的事件中发现了理性的人，霍克海默和阿多尔诺的"启蒙辩证法"使福柯在"人死了"的事件中发现个人的存在。"神—人—个人"成了西方教育启蒙的思想轨迹。但是，如何理解这种思想轨迹的深层意义，如何理解这种思想变化对教育启蒙的影响，对于思想史来说是个至关重要的问题。

许多国内外学者把"神—人—个人"这种思想轨迹看作是一种线形替代关系，并因此以霍克海默和阿多尔诺为思想中介把康德与福柯对立起来。在未经深究的层面上，我们可以说在启神性之蒙中，康德借助理性发现了人的存在（人是有理性的动物）；在启理性之蒙中，福柯使有死有生的个人（Dasein）从无死无生的本体（神、理性）蒙蔽中新生而出。但是，不能由此推出如下结论：康德的"敢于明智"使人在从神性的必然性中解放出来的同时却套上了理性必然性的枷锁，而福柯的《论何谓启蒙》的基本工作是消解康德那篇论文以及作为那篇论文背景的康德整个理论，消解那个时代人们关于启蒙与理性的主要教条。[①]

就教育所担当的启蒙使命而言，我们前面的论述侧重于关注启蒙思想的展开过程及其主要理论，这确实容易造成一种从康德到福柯启蒙思想的线形替代关系的错觉，似乎康德的启蒙理性造成了理性自身的异化，而福柯的启理性之蒙发现的个人是对康德的理性的颠覆，并使个人取代了理性的人。但是，必须强调指出

---

① 韩水法："理性的启蒙或批判的心态——康德与福柯"，《浙江学刊》2004年第 5 期。

的是，启蒙思想的展开过程不是一个后者取代前者并遗忘前者的过程，而是一个后者扬弃前者并带着先前思想的规定性一起前进从而使后起的思想表现出更广阔的思想视域的过程。黑格尔曾经深刻地指出："这种前进是这样规定自身的，即：它从单纯的规定性开始，而后继的总是愈加丰富和愈加具体。"因此，"不应当把进程看作是一个他物到一个他物的流动。……普遍的东西在以后规定的每一阶段，都提高了它以前的全部内容，它不仅没有因为它的辩证的前进而丧失什么，丢下什么，而且还带着一切收获和自己一起，使自身更丰富、更密实。"① 问题的关键在于如何理解康德的理性概念以及它在思想进程中的变异，如何理解理性与信仰的划界以及在何种意义上个人既是理性的存在又是信仰的存在。实际上，康德并没有从否定传统神学到否定神学一般，康德只是说我们不能认识上帝，但并没有说我们不能思维上帝。康德用意无非在于清除宗教的不合理基础，以便使宗教建立在新的基础之上成为可能。

　　我们知道，康德的启蒙思想是对文艺复兴以来启蒙运动的理论总结。文艺复兴以来，宗教虽然失去了对科学的裁判权，但仍是强大的道德力量。人们称这个时期的人们是"伟大的两栖动物"，他们既生活在自然和理性的秩序中，又生活在超自然的神秘世界中；他们既想摆脱宗教的精神负担，又想在理性基础上重建人类的尊严；他们以"启蒙"主义为特征，试图以"自然之光"即理性照亮世界。

　　与文艺复兴时期要求人性的觉醒不同，近代思想更注重对心灵内在活动的反省，标志着人类主体意识的觉醒。笛卡儿表达了这个时代对理性与上帝的两难态度：人的理性应该满足于认识自己可以认识的东西，而把对上帝的把握留给信仰。洛克同意笛卡

---

① 黑格尔：《逻辑学》下卷，杨一之译，商务印书馆 1976 年版，第 549 页。

儿的观点，但认为理性与信仰有严格的界限：理性高于信仰，信仰不能反对理性，人们总是在理性的指导下决定对一个事情的信仰与否，否则就是宗教狂热。休谟怀疑论表明哲学的合理性在于必须划定知识的界限，康德的"先验哲学"就是探讨经验知识的可能性条件及其界限的。

表面看来，康德启蒙观的重点在于运用人的理性启神性之蒙。但是，康德启蒙理论的纲要是以他的整个思想体系为背景的。康德穷其毕生心智，在其著名的三大"批判"（《纯粹理性批判》、《实践理性批判》和《判断力批判》）中，建立了一个"真"、"善"、"美"统一的伟大体系，系统论证了"我"这个"个人"作为"认识主体"、"道德主体"、"审美主体"的内在相关的主体地位。在康德那里，人的主体地位的确立，是以主体—客体的二分为前提的。当我从作为对象的"it"① 中区别出来时，我才成为具有"主体"资格的"我"。所以，康德的启蒙观实际上并不是只发现了理性的人，而造成了对个人的遗忘和遮蔽。人既是类的存在，又是个体的存在。不论是作为类存在还是个体存在，理性都是人的一个本质。当存在主义哲学家萨特说"存在先于本质"时，他认为传统哲学强调本质先于存在，并使本质遮蔽了个人性的存在；但他虽然强调了个人性存在的优先性，但并没有否认人是具有本质的。至于一些现代西方哲学家如海德格尔、福柯等在对个人的生存境遇给予强烈关注时走向非理性的极端，其思想背景和理论得失另当别论，但这种思想走向的直接原因则是康德意义上的理性变异为科技理性而导致的。

正确理解康德的启蒙观有两点必须给予充分的注意：

第一，所谓康德的"启神性之蒙"，并不意味着康德否认神

---

① it，即"它"，常在语句中做无生命的逻辑主语，泛指一切在我之外的、包括你和他（即"我们"）及自然事物、社会国家、法律制度、伦理道德在内的客体。

性信仰。① 康德是路德新教虔诚派的信徒，家庭里充满着虔诚派的宗教气氛，过着一种勤劳、忠诚和清教徒般的严格生活方式，他曾自豪地说道："人们对于虔诚派可以说东道西，但虔诚派的信徒都是一些严肃而又超群出众的人。他们具有高尚的人类情操——稳重、乐天和任何欲念都破坏不了的内心宁静。他们既不怕困境也不怕压迫，任何纠纷都不能使他们产生仇恨和敌对的情感。"② 康德在《纯批》中论证了我们关于现象界的经验知识的可能条件，但理性的二律背反却表明上帝作为超验存在不是知的对象。在康德看来，只要人类不仅是"知"的动物，人类就终究还需要信仰，所以，他给自己规定的任务是："我要扬弃知识，是为信仰留地盘。"正确理解康德的"启神性之蒙"，必须以知识和信仰的划界为前提：知识属于现象界（此岸世界），信仰属于超验界（彼岸世界）；人是肉体和灵魂的统一体，知识满足于人的肉体在现世世界的幸福需要，信仰满足于人的灵魂在彼岸世界的安顿需要。因此，所谓康德的"启神性之蒙"，与其说是否定神性存在，不如说是限制神性的领域，以便要求宗教神学把婚姻等事务交还给世俗国家而专门指向信仰的背靠。

　　第二，康德的启蒙观发现和达到的是知性而不是理性。康德

----

① 康德对宗教态度争议较多，一种认为康德对宗教本身持肯定的态度，康德试图通过限制理性来维护信仰；另一种认为康德对宗教持否定态度，康德是杀害上帝的刽子手。实际上，康德批判的是传统神学，但并不否定神学一般。传统神学独断地认为，我们的思辨理性能够证明上帝存在，宣称人可以获得关于上帝的知识，特别是关于上帝存在的知识，把知识混同于信仰，使知识为信仰服务，也即是设定人可以用理性来正面表述神的种种属性。康德认为，传统神学一方面让知识为信仰服务，使知识失去了固有的自由精神，使科学为神学服务；另一方面又使神学建立在"知识"这个不恰当的基础之上。它使人们狂妄地认为人类的知识能够证明上帝，也失掉了其应有的道德依据。康德试图清除宗教的不合理基础，以便使宗教建立在新的基础之上成为可能。

② 参见阿尔森·古留加《康德传》，商务印书馆1981年版，第14页。

给出的"启蒙"定义是"人们要勇于应用自己的知性从他自己造成的不成熟状态中挣脱出来"，显然，这里指的是知性而不是理性。但是，康德的感知理三分和理论理性与实践理性的分离，恰是此后理性变异的原因。近代科学的辉煌成就使其难以容忍理性设置的界限，理性承担知性的职能而把自身知性化了。理性的知性化最终导致了理性的失落，知性以工具理性的面目取代了理性，而缺失了柏拉图、康德意义上的理性本身。这种以理性面目出现的知性即科技理性借助完善的逻辑和实验方法，使西方理性精神朝着可操作的事实世界片面发展了，理性、科学从理想的生活方式跌落为技术，甚至沦为杀人的手段；真正合乎人性的生活则失去了纯正理性的指导，陷入了非理性和疯狂。这就是霍克海默和阿多尔诺所谓的"启蒙辩证法"。

从人是类存在与个体存在的统一的角度来看，18 世纪的康德确实是站在人的"类存在"的意义上来思考和言说的，20 世纪的福柯则在理性知性化（即科技理性）而导致的启蒙辩证法中凸显了人的"个体存在"的境域和意义。康德和福柯强调的侧重点发生了移动，但不能由此证明康德在对人的强调中蒙蔽和忽视了个人的真实性，更不能认为福柯在对个人真实性的凸显中抹杀了人的真实存在。如果把理性看作是人的代名词，整个启蒙运动的思想轨迹表明：个人的真实性最终被发现并得到凸显，个人的真实性在于人不仅要有理性，而且更需要信仰。

教育启蒙的最高目的是："依照人的尊严来对待人。"①

遗憾的是，近现代科学对此恰好作了片面化的理解，认为康德的启蒙观发现了理性否定了神性存在的必要性并彻底放弃了信仰；由于把知性化的理性即科技理性理解为理性本身，从而把失去纯粹理性引导的知性即科技理性对人类生活的全面支配所导致

---

① 康德：《历史理性批判文集》，何兆武译，商务印书馆 1991 年版，第 31 页。

的启蒙辩证法视为理性本身的过失；这导致了福柯在通过启蒙发现个人真实性时对信仰和理性的拒绝和彻底放弃。实际上，放弃信仰的不是康德而是康德之后的那个时代，造成启蒙辩证法的不是柏拉图、康德意义上的纯粹理性而是知性化的理性即科技理性，而启蒙的终极目标——个人真实性的发现——并不是要拒绝和放弃理性与信仰。

对"神—人—个人"关系的线形替代式的理解不仅导致了近现代思想对信仰和理性的拒斥，而且还导致了教育学研究的二重化后果。一方面，由于理性的知性化，近现代教育以实证经验理性或科技理性为基础论证自己的合理性和正当性。从 18 世纪启蒙思想以来，由于理性的知性化以及对理性本身的遗忘，工具理性造就的科技繁荣使人类迷恋于征服自然和改造世界的幻想中，实证主义对神学和理性的拒斥致使科学知识成为近现代知识的主导形态，近现代欧洲的教育理念和教育活动的制度安排就建立在这种实证主义的知识学基础之上，即现代型的自然知识和社会知识基础之上，现代教育理念的正当性诉求就是得自这种实证主义知识论的论证。服务于教育实践的教育研究顺应实证主义科学化的趋势，从夸美纽斯、赫尔巴特到布鲁纳、布卢姆和皮亚杰等的教育研究，都以心理学为标尺，拒斥形上关切，追求方法的精确性和语言的明晰性，打出了教育机械化、数量化、逻辑化、心理学化旗帜。分析教育哲学把教育理论的突破口放到了对教育概念和命题进行语言、逻辑分析，试图通过语言清思，消除由教育概念的模糊所引起的无休止的争论，使教育理论更加科学化，教育活动更有效率。分析教育哲学提倡价值中立，因为价值和意义的问题无法被实验证实或证伪，并且与此相关的语言也含混不清，故而价值问题被视为形而上的思辨而被驱逐出教育研究领域。正如迪尔凯姆（Durkheim）所指出的，这场教育革命意在追求一种只对理性适应的那些观念、情感与实践的教育，是一种纯粹理性主义的世俗教育。近现代教育比任何时候都强调主体性教育，但对主体性教育的强调实际上使教育成了工具化教育，教育目的不是造就以善为尺度而追求并过美好生活的公民，而是一味雕塑单纯适应社会需求的社会人；教育方法不是引导与对话，而是灌输与控制；教育内容不是有关人生的价值意义、善恶选择的智慧，而是方法性的精致的科学知识。由于科技理性对神性信仰的遗忘和对理性本身的拒斥，致使此岸世界失去了彼岸的理性或神性的规导，从而截断了追求美好生活的可能，科技理性由此担当了维护社会秩序和设定人类安身立命之基础的重负。

另一方面，20世纪中期以来，随着个人真实性的凸显，现代哲学思想和教育理论则对建立在科技理性基础上的教育理念及其制度安排进行了激进的批判。科技时代的教育理念和制度安排，正在通过严密组织的教育活动培养和造就适合工业社会和知识社会的职业劳动者，人被抽象成思维主体，世界或自然被理解成思维主体的客体对象，人把自己的"生活世界"变成了研究、计算、征服、支配和利用的对象，技术支配了一切。人自我确证的主体性的确立使主体创造了一个前无古人的现代技术世界，主体的辩证法就在于，在主体不断创造、发明、运用、改造和完善技术世界从而成为支配自然界的主人的同时，被剥去了主体的主体性，实际上已经沦为技术世界维系自身以及再生产自身的螺丝钉。这样，世界的技术统治使个体生命屈从于技术制造，人性和物性就分化成为可在市场上计算的使用价值，从而缘木求鱼，平整了一切价值，与人寻求技术超越有限达到为世界解蔽的初衷，南辕北辙。另一方面，人坚信一切生命的必然归宿——死亡已或远或近地临近每一个生命，在这种前提下，阿米巴的不朽终归会尘埃落地，生命的有限性已经深深地植根于每个人的记忆深处，而且突破这种有限性的可能却因死亡的必然性而化为乌有。这种死亡的不可经验性、不可替代性又使人还在心灵底处对死亡产生一种刻骨铭心的畏惧与困顿，生之欲望随之无限度地张扬开来，与依靠技术平整一切价值的趋向结合成为人们战栗的体验。人通过变成主体而使得人自己在本质上成为一个"意欲的意愿"，并以技术的方式按照"意欲"去构成世界，同时也把生命的本质交付给技术制造去处理。可悲的是，尽管有无尽的痛苦、难言的苦恼、莫名的焦虑和烦忧，尽管有不断增长的骚动不安和不断加剧的混乱，人们却竟然变得愈来愈悠然自得地去追逐、占有和利用自然世界。技术时代把掠夺自然的命运安排给人，这一命运便把人抛入一个充斥着被遮蔽的存在者世界当中，致使人既不能同无蔽之镜的存在照面，也不能看护存在之真理；技术时代的人只有居住之所，却没有栖身之地，自在自然和人的生命自然一同失落。人的无家可归之感，使人迷恋于一种强有力的支配整个地球的幻想之中，现代人类生存的种种悖谬尽皆缘起于时代的无家性。

　　列奥·施特劳斯把现代教育过于强调科学知识的灌输教育而导致的个人生存危机称之为现代性危机，它表现或者说存在于这样一宗事实中，即现代西方人再也不知道他想要什么——他再也不相信自己能知道什么是好与坏、对与错。我们陷入了这样的困境当中：在小事上理智而冷静，在面对大事时却像个疯子在赌博；我们零售的是理智，批发的是疯狂。如果我们所依据的原则除了我们盲目喜好之外别无根据，那么凡是人们敢于去做的事就都是可以允许的。由此，我们越是培植起理性，也就越多地培植起虚无主义，我们也就越难以成为社会的忠诚一员，其实际后果就是狂热的蒙昧主义。

# 第二章　知识论：实证主义教育观批判

亚里士多德说："求知是人类的本性。"[①] 人类一经来到世上，就未曾停歇过对世界的认识与思考。这种对世界的认识与思考活动，最终都表现为所谓的"知识"，并且通过"知识"这一形态传递着人类的智慧和文明，推动着人类社会的进步和发展。有趣的是，正如"人是什么？"的问题一样，"知识是什么"也成为人类历史上一直聚讼不止的话题。根本而言，"知识是什么"这一问题涉及的是对人自身的思考与探究。在一定意义上讲，人就是知识的存在，人存在的历史就是知识存在的历史。人类就其整个发展历史来看，不论是进化的过程，还是文明程度的提高，都是后人在前人积累的知识基础之上完成的，人类社会的存在和发展都是人类用知识书写的历史。自从人类进入文明社会以来，"人类的每一重大发展都是知识结构的调整和完善的结果。知识是人的产物，而知识又反过来塑造人、诱发人的更多的需要。动物的生存完全依赖于自然形态的物体，人类却有能力根据自己的知识系统按照自己的需要去加工自然形态的物体来求得自己的生存和发展"[②]。因此，知识是人类认识活动的产物，也是人类与其他动物的主要区别。人类的求知是对"无知之幕"

---

① 亚里士多德：《形而上学》，吴寿彭译，商务印书馆1959年版，第1页。
② 胡军：《知识论》，北京大学出版社2006年版，第3页。

的破除，人类在某一事物上具有知识就是说人类脱离了对这一事物的愚昧无知，达到了对该事物的掌握和运用。

自从进入文明社会，人类就依赖通过知识的传授进行教育启蒙，从而达到人类自身的完善与发展。知识作为一种对真理的认识与把握，历来就是教育的出发点与归宿。因此，任何时代的教育启蒙及其教育理念的设计，都将知识传授作为主要内容。事实上，作为一个完整的人的人格是由知识来奠基的，只有拥有了知识，才能达到真理的境域，也才能成为独立判断的人、敢于承担责任的人。但随着科技的迅猛发展，在我们所处的科学知识时代，现代教育却面临着普遍的叙事困境。本质而言，现代教育的困境其实就是知识论的困境。当前世界各国在各个层面上展开的教育改革充分体现出经验理性（实证知识）的诉求，但教育制度设计的正当性论证却面临着根本性困难，即为教育的理念共识作价值判断和意志构成提供理由的先验前提可能是十分脆弱的。今天的教育科学正在向两个方向延伸自己的话语体系：一是在中、微观层次上对如何合理、有效地安排教育教学活动进行多层化的技术应用性研究，它直接促进了教育活动的丰富、活跃和进步，这是教育事业发展不可缺少的和非常需要的；二是在宏观层次上展开对教育理论的基础研究，以便提升教育思想，更新教育文化，促使教育观念发生变化，推动整个社会文化的发展。前一领域的叙述主体是教育专家，他们关注社会和知识的转型并有效设计着教育、教学的体制规范并取得了丰硕成果；后一领域的叙述主体是需要对宗教、哲学和科学知识有所了悟的、视野宏大的具有思想能力的学者，在这一研究领域，由于对作为教育理念共识基础的"知识话语主体"未能做出充分的学理分析，致使我们的现代教育理论面临着深刻的叙事困境。

# 一　西方知识论传统与教育理念的演变

在人类教育发展史上，教育是人类的一种基本的实践活动，从结构上看它是教与学的双向过程的统一，从形态上看它是教育与自我教育的统一。从教育过程来看，包含教与学两个方面，而教与学都离不开教授知识和学习知识。

由于知识是人类活动的结果，它把握并代表了现实，因而是构成教育活动得以进行的内在的基础，凡是置身教育的人，都从事知识的获得与传递活动。[①] 讨论知识与教育的关系，首先要对"知识"这一基本概念作出规定。80年代我国出版的辞书对"知识"的规定是"人类在生产斗争、阶级斗争和科学实验等社会实践中积累起来的经验的概括和总结，是人类认识的成果，他们通过科学的事实、规律、结论、理论和思想等形态反映了现实的各个领域。因而从本质上说，知识属于认识的范畴。人的知识是在后天实践中形成的。人类的知识主要有：关于自然科学的知识、社会科学的知识以及思维科学的知识"[②]。在2001年我国出版的辞书中，认为知识是：①个人通过学习、研究或经历所获得的学识，如"知识浅薄的人骄傲，学识渊博的人谦虚"；②人类在实践过程中积累起来的认识成果，如"自然科学知识"；③学或教的东西，如"历史知识"。[③]

我们今天所谓的"知识"，其实是随着中西文化交流而传入中国的西方哲学范畴。中国古代，并没有确切的"知识"这一范畴，但中国古代哲学思想中有所谓的"知"范畴，就蕴涵的

---

① 胡德海：《教育学原理》，甘肃人民出版社1998年版，第5页。
② 《实用教育词典》，吉林教育出版社1989年版，第367页。
③ 《新世纪现代汉语词典》，京华出版社2001年版，第1570页。

意义而论，中国古代的"知"范畴"包含今所谓认识、知觉及知识的意思"①。这里的"知"，是与无知相对的，是指人们通过对经验世界的认识、了解与体悟，从而达到一种智慧的境界。但在古希腊语中，"知识"一词却源远流长，它与"科学"一词的写法是一样的，都为 episteme，都表示代表真理。在柏拉图的著作《美诺篇》中，他就已经探讨了知识的有关问题，他认为，知道（to know）是与知识（knowledge）同义的。说我们知道某物，也就是说我们拥有关于这一事物的知识。在《泰阿泰德篇》一文中，虽然整篇对话并没有向我们提供关于知识的完整定义，但据苏格拉底对于知识的看法，人们指出他对"知识"定义提出了两个必要条件，即真实和信念是构成知识的两个必要条件。为此，人们在《泰阿泰德篇》对知识的看法的基础上，试图对"知识"这一范畴进行定义，从而形成了传统的知识定义。

现在，绝大多数的哲学家认为，在《泰阿泰德篇》提出的真实和信念是构成知识的两个必要条件外，另外还需加上一个证实的条件。这样，西方传统的知识定义认为，知识的构成必须具备三个条件，这三个条件是信念、真实和证实。如果我们按照对知识的这一界定或者说解释来理解"知识"概念，其实我们就已进入了西方哲学所认为的"知识论"论域了。

在西方，我们今天所谓的知识论（epistemology theory of knowledge）从起源来说，可以推溯到公元前5—前4世纪的希腊世界。在这一时期，古希腊的哲学家们明确提出并全力追求"知识"（episteme），并且他们对知识与意见（doxa）进行了原则性的区分，某种意义上而言，古希腊哲学家除米利都学派的宇宙论以外，他们更多地进行了探讨的核心问题便是有关知识的问题。在他们那里，知识不仅包含对自然的认识，也包含对个人行为、政治制度等的选择和

---

① 张岱年：《中国哲学大纲》，江苏教育出版社2005年版，第447页。

评价标准。如果从词源学的角度来看，西方哲学中的"认识论"或"知识论"（epistemology）这个术语来自两个希腊词，其中的一个是"episteme"，意味着"认识"或者"知识"；另一个是"logos"，意味着"逻辑"或者"理性基础"。因此，单从字面而言，"认识论"或"知识论"是指对知识的哲学研究。

一般而言，知识论是有关知识的理论，即对什么是知识做出分析和说明。这一界定内在地包含着这样的两个问题：第一，什么是知识？第二，我们能知道什么或者说我们是否拥有知识？凡是研究知识论的哲学家首先试图对"什么是知识"提供一个说明。

在西方哲学史上，对什么是知识的探究源于古希腊，但古希腊的哲学家虽然讨论了什么是知识之类的问题，但他们关心的重点仍在宇宙论、形而上学等方面。因此，一般认为，西方哲学史上知识论成为哲学研究核心的标志是指所谓的"认识论转向"，而认识论转向至少可追溯到笛卡儿的《沉思录》和斯宾诺莎的《知性改进论》。但真正将知识论视为哲学的核心的却是哲学家康德，康德是第一个将知识论看成是数学、自然科学和形而上学的可靠基础。不论是古希腊哲学家还是近代的哲学家，他们对知识论的研究主要是从人的认识能力的角度进行探究考察的，也就是说，把有关认识的研究建立在人的感性和理性的基础之上，这就产生了经验主义与理性主义的不同理论主张。对于这种意义上的认识理论，其实主要是研究有关认识的起源、范围及认识的有效性等等，因而它表现出的更多的是发生学意义上的。但在康德之后，越来越多的哲学家对知识论的关注重心已转向"我们的知识如何可能"的问题，这一变化是与当代分析哲学中的所谓"语言学转向"有着紧密联系的，因为现代哲学家对知识论的研究已从对于认识的发生学的研究转变为对知识本身之所以为真的条件的研究，也就是关于知识确证问题的研究。因此，在现代西方哲学那里，知识论被界定为有关知识与确证性质的研究，特别是有关知识与确证的确定特征、实质条件以及它们的界限的研究。

实际上，对于"什么是知识"的研究和回答，在近代以前主要是哲学家研究的课题；近代以来，由于受行为主义心理学长期的影响，教育学主要关心学习中的行为变化，关于知识的研究仍然作为哲学的研究课题而没有受到教育学的关注；直到20世纪中期以来，教育学才开始研究知识并进一步思考"知识是怎样转化为技能和智力"这一教育学根本问题。

在西方文化中，古代和近代哲学家们关于知识论的研究是在发生学意义上进行的，即主要是从认识能力的角度进行知识论研究的，把有关认识的研究建立在感性和理性的基础上，从而产生了经验主义和理性主义的不同理论主张，用康德的经典表述来说，就是研究认识的"起源、范围及其客观有效性"。它从研究认识的感性或理性的起源开始，到探讨认识的普遍必然性和客观有效性等，并断定认识是否在可见的经验现象范围。由于这种认识理论的发生学性质，国内理论界一般将其称之为认识论，由此形成了西方传统的认识论和知识观。

人类最初的知识表现为自然语言。一般说来，知识是由人来创造的，因而是专属于人的。动物和人都具有声音世界和意义世界，但声音在动物那里只是一系列物理符号，表达的是感觉层次的意义世界，因而声音和意义是含混不清的；声音在人那里虽然也表坝为物理符号，但人借助于声音不仅能表达感觉层次的意义，更能表达思想层次的意义。将意义和声音切换成一系列音义对应系列的是最初的自然语言①，因此，自然语言和文字不仅是

---

① 据考证，埃及文字出现于公元前4000年，古希腊文字是由公元前2000年在克里特出现的象形文字发展而来，公元前800年希腊人从腓尼基人那里汲取了闪语字母，并补充一些元音使其更加完善化了。中国象形文字的出现大约也形成于公元前2000年。

知识的载体，而且自然语言本身就是最初的知识。自然语言是地域的、民族的，这使得其所表达的知识具有不同的文化背景。在自然语言的基础上，形成了古代的神话和宗教知识。最初的语言文字表达和记载的还不是经过严格概念规定的知识，而是记载和表达人类想象力的神话。人类童年时期的原始初民，他们直觉灵敏而体验深邃，并逐渐形成精灵意识和神性意识等群体信念，这些信念在地域群体中世代相传而表现为规范成员行为的禁忌习俗，并进而制度化为道德和法律的基础，即宗教。宗教和神话的描述融合在一起，黑格尔称之为"表象"（Vorstellung，意为"图画式的思想"或"形象的思想"）。

### （一）古希腊的知识类型与教育理念

古希腊的知识类型是抽象的形而上学本质知识，它缘起于希腊神语文本（神话）向人语文本（哲学）的转变。从神话、宗教到哲学的过渡，神话的表象思维虽然依然存在，但哲学的抽象理性却成为形成知识的主要思维能力。神语文本的精髓是 physis（弗西斯），其弗西斯的本义是涌动、涌现、呈现，希腊原初的神语（Mythos）与人语的交流使神语世界中的物的涌现转为人语世界中事物的出现。人语文本的核心是"是"与"存在"，从神话到哲学就是从 Mythos 到 On（Sein/Being，汉译为存在或是）的翻译过程。赫拉克利特提出逻各斯（语言、思想）与感知世界的分离，把灵魂和感官对立起来，认为灵魂是认识真理的唯一手段，而感官只能提供意见。巴门尼德区分了"真理之途"和"意见之途"，把智慧的对象规定为"存在"（Being），意见的对象是"非存在"，他在现象世界之外建立一个思想固有的真理世界或本质领域，认为感官观察只能得到关于现象的意见，通过概括和思辨得到的关于存在（Being）的知识才是真理。所以，苏格拉底认为认识的任务在于从个别事物背后寻找关于普遍本质的知识。苏格拉底认为一切知识的基础不是感觉而是理性的和概念的，知识就是人类认识的结果，是人们对于事物本质和规律认识的结果，他把道德和知识统一起来，即"知识即美德"。

柏拉图是西方思想史上第一个把知识系统化的大哲。柏拉图明确区分了知识和意见的对象，他保留了苏格拉底的"无知"这种心灵状态，在巴门尼德的"存在"、"非存在"之外增加了"既存在又不存在"。知识（真理）的对象是"存在"（是），无知的对象是"非存在"（不是），意见的对象是"既存在又不存在"（既是又不是），他对感觉经验的可靠性持怀疑态度，"知识就是理性的作品"。柏拉图提出了一个认识等级图式，他认为心灵有四种功能："幻想"是个人的想象和印象，因人而异，是事物向个人的显现，即影像，诗和艺术作品属于这一认识阶段；"信念"是关于可感事物的共同知觉，它是对日常生活有用的经验，但缺乏知识的确定性，物理学或自然哲学属于这一认识阶段；"理智"（数学推论）的对象是数理实体，是低级的知识，介于意见和理智之间，它用可感的图形和事物借助从前提到结论的推论来研究数量和图形普遍的、不变的性质和关系；"理性"的对象是理念，是纯粹的知识，如哲学知识，其方法是辩证法。理智的数学推论是从前提下降到结论或答案；哲学的辩证法则是从前提上升到一般原则，即最完善、最确切的定义。

亚里士多德肯定了柏拉图的知识系统性思想，但也重视各门科学的独立性，他根据研究的对象和目的的不同，对科学进行了分类，提供了一个完整的科学①结构图式：

---

① 亚里士多德的"科学"（德文 Wissenschaften 一词的含义要比英文 science 宽泛得多）是与存在、哲学、理性具有同等程度含义的词，康德继承和使用的就是亚里士多德意义上的科学观念。

$$
科学（哲学）\begin{cases} 逻辑学 \\ 理论科学\begin{cases} 形而上学（Metaphysics）① \begin{cases} 本体论（Ontology） \\ 宇宙论（Cosmology） \end{cases} \\ 数学 \\ 物理学（physics） \end{cases} \\ 实践科学——伦理学、经济学、政治学等 \\ 创制科学——诗学、修辞学、艺术等 \end{cases}
$$

　　（1）逻辑学或工具论，这是求知的工具；（2）理论科学
（theoretike）知识，这是以求知本身为目的的科学，即为求知而

---

　　①　西方的形而上学哲学划分为宇宙论和本体论。"宇宙论"是从泰勒斯到巴门尼德以前西方哲学在形态学上的表现，它追问和回答的是宇宙万物在时间上产生形成及空间上的构造问题。但在西方哲学的发展过程中，对本原的追问最终导致了本原问题在哲学形态上的取消，代之以 Ontology 的产生。Ontology 就是以希腊文 On（拉丁文 ens，英文 Being，德文 Sein，译为存在或是）为核心范畴及其一系列相关范畴所构成的具有形而上特征的理论体系。在西方语言中，经过哲学家的改造，"是"和"所是"脱离了日常语言中以"名"指"实"的用法，成为纯粹的逻辑规定性的概念，并在 Ontology 中展开其纯粹思辨的原理。它把"是"从其上下文中独立出来并从相互关系中获得逻辑规定性的概念，在西方哲学的 Ontology 思考方式和思维习惯中，可以"名不副实"而在纯粹的概念王国中加以训练；中国人的思维习惯中则要求"名副其实"，以致我们在理解哲学的抽象逻辑概念时，也总是联系着它们所对应的经验事实去理解，而不是把它们当作是先于经验事实的纯粹的逻辑规定性。Ontology 通常被译为"本体论"、"存在论"，但考虑中国思想在宇宙论意义上使用本体论概念，所以，把 Ontology 译为"是论"可能更合乎原意。宇宙论是描述性的，Ontology 是概念性的。宇宙论哲学即自然哲学对万物构成和宇宙起源的追问最后让位于科学的精确描述，就此而言，没有宇宙论哲学形态的消失，就不会有自然科学的独立和发展，自然科学的独立是以宇宙论哲学的消亡为前提的，虽然这并不否定自然科学的结论可以不断被提高至自然哲学或宇宙论哲学的概括水平，如牛顿和爱因斯坦科学理论被提升为科学哲学。在中国哲学的语境中没有本体论与宇宙论的划分，或者准确地说，本体论和宇宙论是浑然一体的，宇宙论一直占据着中国古代哲学的主导形态，成为中国哲学中的支配性或权利话语系统，这使得中国没有发生西方由于宇宙论哲学形态的消亡而使科学得以独立和发展的情形。

求知，又分为"第一哲学"（神学或形而上学）、"数学"、"物理学"，其中，形而上学或哲学研究的对象是既独立存在又永不运动的存在，数学研究的对象则是既非独立存在又不变动的存在，物理学研究的对象是既独立存在又变动的存在；（3）实践科学（praktike）知识，这是探求作为行为标准的科学，它包括"伦理学"、"家政学""政治学"等，其中，伦理学的对象是善，即怎样通过伦理德性和理性德性达到幸福和成功的人生，家政学研究家庭的性质、结构和管理问题，政治学研究城邦的起源、性质和政体等问题；（4）创制科学（poetike）知识，这是寻求制作有实用价值的东西和有艺术价值的东西的科学，如诗学、修辞学、艺术等，其中，修辞学研究在特定场合下把握说服手段的能力，诗学的对象是文学艺术，艺术是模仿和再现人类生活，其作用是通过悲剧"净化"人类的灵魂，所谓悲剧是借助语言和悦耳之音、通过模仿人物动作借以引起怜悯和恐惧使情感得到陶冶的艺术。

值得指出的是，亚里士多德创造出一整套求证法的逻辑规则，把巴门尼德的求是思想演绎为逻辑学，把赫拉克利特的求变思想发展为运动学，并在运动学（物理）和逻辑学（是学）之间建立一种由物理（存在物的运动关系）向"是学"再向单纯之学（第一哲学或神学）递进的语义法则。由此构成一个表达真理的证明体系，哲学意义上的"真理"强调的是在哲学内思想的经验。所谓在哲学内思想的经验，指的就是由证明体系所包围住的世界经验。不断延伸着的证明体系总是有这么三个环节：已经证明了的，用来作证明的和想要去证明的。这个证明体系完成于亚里士多德。在亚里士多德那里，已经证明了的这个环节由形而上学（后物理学）来承担；用来作为证明的这个环节由工具论（形式逻辑）来承担；要去证明的这个环节由物理学来承担。对应于证明体系的这三个环节，真理具有三种语义：批判意义上的真理（形而上学）、形式意义上的真理（逻辑学）、实证意义上的真理（物理—经验世界）。哲学的真理指的就是这个证明体系，不是指的这个证明体系的某一个环节；而科学的真理则把关于物理—经验世界的实证意义上的真理从哲学的真理中分离出来加以独立的对待。①

如此，柏拉图的"理念论"和亚里士多德的"后物理学"（形而上学）确定了自我作为具有逻辑思维能力的理性存在。这意味着，人作为理性的存在，不是以感觉来掌握世界，而是以概念、判断、推理来理解世界，即以一种普遍抽象的概念系统来认识世界。这种把握世界的方式具有二重意义，一方面它塑造了自古希腊以来的西方理性主义传统，即超越事实和自然物、追求绝对真理并自由思考和自我决定的最理想的精神生活，坚信理性给予一切事物、价值和目的以最终的意义；另一方面，基于纯粹思辨和理性解释的希腊科学，即欧氏几何学等纯粹数学和自然科学在柏拉图理念论的引导下把经验的数、形状、点、线、面、体加以理念化了，几何的命题和证明转化成为理念化的几何命题和证明。与此相联系，那种系统一体化的演绎理念的观念也发展起来了，它以理念为目标，建立在公理性的基本概念的原则之上，在必真的逻辑推演中展开为一个由纯粹理性所组成的真理的整体。因此，柏拉图的理念论不仅奠定了西方文化的理性主义基础，而且形成和塑造了欧洲的科学不同于东方科学之实用规则的纯粹理性的知识论范型。在知识的哲学化阶段，所有的知识如修辞、讲演、诉讼、数学、天文、物理等以及宗教等都属于哲学探讨的范围之内。这是一个哲学、宗教和科学三位一体的知识阶段，哲学成了知识的代名词。

---

① 参见陈春文《栖居在思想的密林中——哲学寻思录》，兰州大学出版社 2000 年版，第 7 页。

与形而上学的理性原则和知识理念相应，古希腊教育的主要目的是使人的个体灵魂对现实的不断超升。在柏拉图所设计的培养公民的教育纲要中，教育的任务不在于灌输知识，而在于使人的灵魂从转瞬即逝的感性世界转向永恒的理念世界，认识"善"这个最高理念。教育的目标就是要培养智慧、勇敢、自制、正义相统一的、具有理想人格的身心和谐发展的人，由语文、算术、音乐、体育等构成的初等教育还较多地具有实用的目的，而由哲学、几何学、天文学和音乐等构成的高等教育则着重于人的灵魂向彼岸世界的真理（理念世界）的接近。学算术不是"为了买卖"，而是"为了观察数的性质"，几何学是为了"引导灵魂接近真理和激发哲学情绪"，天文学不是为了航海，而是为了思索宇宙的无穷，但只有"辩证法"（Dialektik，在西方思想的语境中应译为"求是法"或"求证法"），即理性对概念的哲学沉思，才是投身于理念世界的最高的知识。亚里士多德认为教育就是要使个体人格的三个不同层次的灵魂，即理性灵魂、动物灵魂和植物灵魂得到和谐发展，智育相当于培养理性灵魂，德育相当于发展动物灵魂（情感意志能力），体育相当于锻炼植物灵魂。在教育方法上则根据个体身心发展的程度，从儿童时的游戏到青少年时向道德习惯的养成和理性的提升循序渐进地过渡，并在成年人那里达到的最高美德就是"理性的沉思生活"即哲学。昆体良认为教育的目标就是培养"善良的精于雄辩的人"，而雄辩的人首先是善良的即有德性的人。在他看来，专业教育要具有尽可能广博的基础知识，他建立的文法学校不仅要学习各种修辞和辩论等课程，而且要学习音乐、几何、逻辑、伦理、法律、宗教、历史等。

希腊文化经过苏格拉底、柏拉图和亚里士多德的智慧高峰以后，开始走下坡路，思想的活力和创造性渐趋消失，希腊化—罗马时期的人们大多停留在对大哲学家的思想和著作进行注释、反思、消化和运用上从而缺乏创造性和深邃性，知识类型开始从哲学伦理观点逐渐过渡到宗教的观点，就对人的教育而言，亚里士多德依赖于"致知"概念，而"奥古斯丁却诉诸于神的光照"①，宗教形而上学时期开始了：从价值观点把超感世界和感官世界分别看作神的完美和世俗卑贱的世界观，构成整个"宗教—哲学"运动的共同基础。

### （二）基督教和中世纪的知识类型和教育理念

从公元一世纪开始，基督宗教的神学知识成了知识的主导形态。基督教神学思想体系主要来源是基督教经典《圣经》，真理性的知识主要看作是关于上帝的知识。公元一世纪新柏拉图主义者菲洛（Philo）认为柏拉图"理念"和斯多噶"逻各斯"的结合就是上帝，斯多噶的"内在逻各斯"（思想和理性）就是上帝的思想，"外在逻各斯"（声音和言辞）就是表达上帝思想的言词。后来，使徒保罗以"灵魂的拯救"而把末日审判的预言变为灵魂不朽的承诺，他阐释了灵魂与肉体、信仰与圣事、内在与外在、圣父与圣子等神学事件，主张"因信称义"，认为拯救灵魂要以肉体的牺牲为代价。约翰则以"道成肉身"阐释了上帝和耶稣的关系："太初有道，道与神同在，万物是凭着它造的"，"道成肉身，住在我们中间"。②"道"既是上帝的精神力量，又是连接"圣父"与"圣子"于一体的神圣实体；"圣子"是道的肉身化，上帝以耶稣基督的肉身显示自己，道是上帝的存在以及真理和恩典的显现。

基督教和中世纪的知识类型是神学和世俗知识的混合，神学教育的理念是培养人们的信仰，并以信仰为基础形成科学研究的精神。原始基督教对理性和自然知识持一种轻蔑和不信任的态

---

① 麦金太尔：《三种对立的道德探究观》，万俊人、唐文明、彭海燕等译，中国社会科学出版社1999年版，第109页。

② 《新约·约翰福音》，第1章。

度。基督教是以它的贫乏的形式征服世界的，追随他的是贫穷的和没有受过教育的人，自然理性和智慧被看作是通往天国的障碍。理智的德性，即思想的自由大胆及怀疑的能力这一科学研究的基本原则，在原始基督教的眼里都是无价值和危险的，与基督教相称的只是信仰和服从。

古希腊的教育通过体育、音乐和哲学的教育来培养智慧、勇敢、正义和节制等基本德性；中世纪基督教的教会学校的教育则要求人们逃避任何形式的世俗的感官快乐，认为这些快乐本身是有罪的，它会把灵魂禁锢在那些世俗的和会腐朽的事物之中。在基督教中得到褒奖的不是教养和雄辩，而是缄默。基督教认为所有希腊人的德性都是好看的罪恶，它们都植根于自然人的自我保存冲动、文明的愿望和对荣誉的热爱。基督教认为尘世生活是不真实的，是虚幻和无价值的，快乐和欲望是这个世界束缚人的心灵的枷锁，真正的生活和善只有来世才能使它们显现，它要求人们通过罪恶和痛苦被引向皈依之路。基督教充满了一种对救赎的宗教渴望，它通过给人们提供一个超世俗的永恒生活、超感觉的光荣，满足了这个时代的最隐秘和最深刻的思慕——从世俗的畏惧和欲望的束缚中的救渡。

中世纪争论的一个基本问题是哲学与神学、理性与信仰的关系，从教父学中理性辩护主义与信仰主义的矛盾到奥古斯丁混淆哲学与神学的观念，到早期经院哲学时，正统神学家成功地把哲学当作神学的附庸，把理性变成信仰的驯服工具。托马斯一方面明确地区分了哲学与神学，另一方面又坚持神学高于哲学，杜绝哲学批判神学的可能性。他坚持现实世界和超现实世界的区分，人的理智只能认识现实世界，但因其先天的不足而无法认识超现实世界，只能用信仰来把握。哲学和神学各有其研究对象，神学就是探究超越于人类理性之上的对象，并提供一切知识的标准和成为一切科学的基础。神学虽然超越于理性之上并高于一切科学和哲学，但绝不是反理性的。真理只有一个，就是上帝，哲学理性和神学信仰是达到真理的两个环节。

当然，教会和教士并没有完全坚持这个观点，当基督教开始支配人们的生活的全部领域时，它就不得不诉诸教育及其知识。中世纪的人们在人生观和生活方式上不完全等同于基督教，它不厌倦世俗世界，而是充满了要完成伟大事业的精力和渴望，那些具有真正基督教心情的个人并不多，受到赞扬的德性不是放弃和容忍，而是凶猛的勇敢；牧师的生活也不完全符合它的禁欲理想，修道院这个世俗精神和禁欲主义的中心偶尔也是奢侈和世俗享乐的场所，修士们走到哪儿都带着手艺和技术、园艺和农艺。中世纪基督教神学教育的理念是培养人们的信仰，并以信仰为基础形成科学研究的精神。中世纪基督教的教育理念虽然强调信仰和道德先于并高于知识教育，但古希腊的知识教育并未完全中断，而且在逻辑、修辞和辩证法等方面还有发展。信仰教育虽然通过禁欲主义而极大地限制了个人的全面发展，但却在把人的灵魂真正提升到纯粹的精神性上来这方面，使西方人的个体人格有了更深刻、更牢固的基础。从此，西方人对人的自由的理解就不再只是对自然物的驾驭和任意支配，而且是对自己超自然的本质，即上帝的精神本质的体认。

应当说，中世纪教育在人心中确立一个彼岸的精神世界、使西方人的自我意识在个体灵魂和上帝之间拉开一个无限的距离。近代大学即使在世俗知识的教育上，也强调这些知识本身的超世俗的价值，强调其作为永恒真理的独立不倚和提升人的精神素质的作用。近代大学不单是传授技能的场所，更是养成科学精神和探讨宇宙奥秘的殿堂，这种科学精神本质上是一种人文精神，它与艺术精神、宗教精神和伦理精神互相补充和互相需要，为人的本质力量的全面发展和自由创造开辟道路。中世纪晚期为适应城市发展需要而兴办的世俗大学，教育的目的就是在深化个体人格的基础上重新认识古代的哲学和文学，并在个体人格的这一深化的基础上，再次转向哲学思辨和世俗知识的探究。

15世纪末开始的文艺复兴和宗教改革两个强有力的精神运动标志着西方社会生活进入了一个新时代。文艺复兴使基督教化了的古代文化以新的形式承担了对新民族的教育，指导着它们在宗教、科学和道德方面的生活。路德宗教改革使人的生活脱离来世和救赎而转向尘世和文明，他废除了作为教会这个通过事功和神圣仪式来保证个人得救的中介机构，使个人在与上帝的联系中独立自主。社会开始了大还俗：牧师通过婚姻成为社会成员；随着外在教会形式的消失，时代的思想感情也和外在的形式一样还俗了，大多数人的心灵便与永生的思想隔开，人们越来越使自己紧密和唯一地守在尘世的事务中，对知识的热爱表现出人们对知识强烈的兴趣和探索精神。

宗教改革与文艺复兴共同推进了主体性、个人精神和人类理性文明的发展。其结果是，国家这个现代机构逐步排挤教会这个中世纪的支配性机构，国家的影响扩大到学校、科学、艺术、对穷人的关心以及立法和执法等领域，扎根世俗世界的国家成了推进文明的组织机构。但是，这个时期大学的教育理念并不认为大学是传授技能的场所，而是养成科学精神和探讨宇宙奥秘的祭坛。科学精神的本质在于为科学而研究科学的精神，这种精神本质上是人文精神，它与艺术精神、宗教精神和伦理精神互相补充、互相需要，即使在世俗知识的教育上，也强调这些知识本身的超世俗的价值，强调知识在追求永恒真理和提升人的精神素质中的作用。西方近代教育思想充分地体现了教育的本质，即着眼于人的一切本质力量的全面发展，为人的自由创造开辟道路。

### （三）近现代知识类型与教育理念

近现代的知识类型表现为关于事实的科学知识，教育的主要任务越来越注重于向人们传授各种专业化的知识。

　　文艺复兴的两大发现是：人和自然。在重新发现的人和自然所造成的精神氛围中，近代科学"就像宙斯头颅里钻出来的阿西娜一样，突然装备齐全地来到世上。……科学的复兴直接地、有意识地以文艺复兴时的毕达哥拉斯传统为基础。同样，值得注意的是，在这个传统之中，艺术家的工作和科学探索者的工作之间没有对立。两者都以其各自的方式追求真理，而真理的本质是通过数来把握的"①。近代以来，以逻辑和数学构成的形式语言的整体为基础而建立的现代科学成为知识的主要形态。科学知识是在古代希腊哲学知识的框架内分化出来的，而逻辑学的形成是哲学和科学分化的前提条件。逻辑学（Logik）是从逻各斯（logos）② 发展而来的，在亚里士多德那里，逻辑学是用形式符号所表示的一种形式语言或人工语言体系，逻辑规则是西方学科分化的基础。如果说自然语言是地域的、民族的，它所表达的知识具有不同的文化背景；那么，形式语言用形式符号所表示的知识概念具有确定性单一性，从而形成首尾一贯的知识系统。卢卡西维茨指出："现代形式逻辑力求达到最大可能的确切性。只有运用

----

　　① 罗素：《西方的智慧》，马家驹、贺霖译，世界知识出版社 1992 年版，第 244 页。

　　② 逻各斯（logos/λoλoς）源于希腊文 λεγω，本义为"采集"，后演化为"言说"和"理性"。逻各斯作为"言说"是内在思想借以获得表达的东西；逻各斯作为"理性"就是内在思想本身。在公元前 5—前 4 世纪，Logos 是希腊文中的一个常用词，格思里（Guthrie）教授在其《希腊哲学史》中列举了 logos 的 11 种日常含义：任何说出的话；"名誉"或"名声"；在心中自言自语；原因、理由、论证；名副其实的真相；尺度、标准；采集、关系、比例；一般的原则或规则、理性的能力；定义，即语言对事物本质的表达；共同达成的见解；表示"一致同意"（参见吕祥《希腊哲学中的知识问题及其困境》，湖南教育出版社 1992 年版，第 22—23 页）。逻各斯作为一种理性的言说，使用的是概念和符号体系，它有严格的规则，不可以随意叙说，故而后来演变为逻辑推理形式。

由固定的、可以辨识的记号构成的精确性语言才能达到这个目的。这样一种语言是任何科学所不可缺少的。"[1] 借现代逻辑和数学之助，科学知识在近现代获得了空前的发展。

值得注意的是，汉语学界经常混用近代（Neuzeit）与现代（Moderne）这两个互有区别的概念。就西方社会而言，现代世界的出现不是一种与古代世界截然断裂式的文化—社会演化，它与古代的社会和思想保持着连续性。开始于文艺复兴和宗教改革的近代历史是一部分化史，即政治、经济、科学、宗教等等，纷纷从古代世界国家—教会的一统性文化中离异出来，走向建构各自独立领域，它开始于 13 世纪，至 17、18 世纪形成现代社会的社会文化现象。由路德宗教改革形成的早期新教在恩典与信仰、伦理与文化、国家与教会一体化、教会及其权威四个主要理念上尚与中世纪神学保持某种关联，从 17 世纪开始，后期新教与人文主义结合则直接导致了现代社会的出现。由文艺复兴开始的近代之本质是自然的发现和"人的自持"对上帝信仰的挑战。[2]

"人的自持"的文化表达是"自然科学的兴起"。在近代向现代的转折过程中，自然科学成果表现在哥白尼推翻了托勒密体系，实现了天文学革命；开普勒发现了天体运动的三大规律，将建立在经验观察基础上的天文学变成一门严格精密的科学；伽利略发现了落体定理和惯性定理，为近代物理学奠定了基础，并最终在牛顿那里完成经典物理学的一般理论。此外，在植物学、动物学、医学等科学方面也取得了一系列重大发现。

但是，随着科学的发展和取得的巨大成就，近现代人依靠科

---

① 卢卡西维茨：《亚里士多德的三段论》，李真、李先焜译，商务印书馆 1981 年版，第 25 页。

② 刘小枫：《现代性社会理论》绪论，上海三联书店 1998 年版，第 69—71 页。

学来支配和利用自然的大无畏精神，与中世纪在沉思自然时的敬畏形成了鲜明的对照。它清楚地指明了现代的目标是地上的天堂，而通向目标的道路是科学。近代以来，哲学家和思想家们对知识的起源、性质进行了全面深入的讨论。理性主义者笛卡儿认为，"我思"是知识建立的前提和牢固基础，斯宾诺莎、莱布尼茨认为逻辑和理性在知识形成过程中具有主要作用和意义；康德不否认感觉经验在知识构成中的作用，康德认为我们所有的知识都不能超越经验，但他也认为经验只是提供了知识的材料，它们能否构成知识还要依赖于主体的先天形式；黑格尔则通过对绝对精神的运动过程的逻辑辩证法考察构成了绝对真理的具体体系。

英国经验论哲学家确立了经验论的基本原则："凡是在理智中的，没有不在感觉经验中。"坚持一切知识都开始于经验，比较重视感觉经验在认识中的作用，人类所有的知识都起源于感觉经验，是对外部联系的反映。经验论的创始人和科学归纳法的奠基者培根认为科学知识就是对自然的解释，要认识自然必须立足于自然，要命令自然就必须服从自然。洛克创立了经验论的系统理论体系，贝克莱则否认了观念与外物的联系，认为观念本身就具有实在性，休谟则不仅否认了观念的实在性，而且把观念之间的联系看成是纯粹主观的心理联系。到了20世纪，出现了实用主义的知识观，詹姆斯、杜威认为"有用就是真理"，认为知识的标准既不是主观的理性形式，也不是客观的感觉经验，而是能够产生令人满意的行为效果。

培根在《新大西岛》中构造了一个科学统治的乌托邦，他把人们的视线从天堂超感官的荣耀移植到地上，希望通过科学建立地上的天堂和完善的文明，并由此获得生命健康、丰富、美丽和幸福。霍布斯则认为，天文学开始于哥白尼、物理学开始于伽利略、医学开始于哈维，完善的机械学和医学加上他关于国家的科学（政治学），人类将实现地上的天堂！莱布尼茨比任何人都强烈地意识到时代的目标——建立在科学基础上、由完善的政治制度保证的文明，尤其是科学技术文明。

至此，当近代社会进入现代社会的大门口时，培根终于在理性的旗帜上书写了"知识就是力量"的标语牌。技术理性开始了塑造人类社会和自然世界的浩大工程，理性和知识成了"力量"和"权力"的代名词，人类借助理性和科学知识开始了探索和征服世界的艰苦战役。科学把人和自然的关系主要变成了生产与原料的关系——自由是对必然的认识和对世界的改造。这种自由是理性对人的双重遮蔽，所谓人本主义，实质上是人对自然的利己主义即人类中心主义，因而人本主义无法根除人对自然专制，这才招致自然的自然报复。人的解放和自然的解放是一个互为中介的过程，即人的自为存在必须看护自然万物的自在存在。

西方近代教育思想充分地体现了近代教育的本质，即着眼于人的一切本质力量的全面发展，为人的自由创造开辟道路。近代教育学理论创始人夸美纽斯在《大教学论》中规定教育的任务就是培养人的虔信、德行和知识，"使基督教的社会因此可以减少黑暗、烦恼、倾轧，增加光明、整饬和宁静"[①]。在他看来，人生主要有三个要素：（1）熟悉万物；（2）具有管束万物与自己的能力；（3）使自己与万物均归于万有之源的上帝。人生三要素即博学、德行或恰当的道德、宗教或虔信，博学包括熟悉一切事物、艺术和语文的知识；而德行不仅包括外表的礼仪，它是我们的内外动作的整个倾向；至于宗教，我们把它理解为一种内心的崇拜，使人心借此可以皈依最高的上帝。洛克的绅士教育中

---

① 　单惠中、杨汉麟：《西方教育学名著提要》，江西人民出版社2000年版，第92页。

强调要培养人的"德行、礼仪、智慧和学问"①，一个善良的、有德行的、能干的人要从内心去养成。所以，他所应受的教育，所应赖以指导生活的力量，都应该及时给予他。卢梭认为，人生而禀赋着自由、理性和良心，在科技文明状态下，人们违背自然法则，滥用自己的自由，使得偏见、权威、需要、先例等制度扼杀了人的自由天性。为此，他提出了由自然教育、事物教育和人的教育三者相统一的自然教育原则，主张通过自然教育来培养自由人，即自由的、自然的、独立的、不依附别人的人，自然教育不是根除人的本性或改变人，而是依据对人的本性善良的认识，遵循人的本性法则进行教育。② 赫尔巴特在他的被视为西方教育史上第一部具有科学体系的教育学著作《普通教育学》中，认为教育理论体系必须奠基在实践哲学（伦理学）和心理学的基础之上，教育的目的应该依据伦理学，因为道德是人类的最高目的，也是教育的最高目的，通过教育要培养受教育者具有五种道德观念，即内心自由、完善、仁慈、正义和公平。前二者侧重培养人的道德修养，后三者则是个人与他人或社会发生关系时所应遵循的规则，五种道德观念协调一致，是巩固世界秩序的"永恒真理"。③ 康德则认为，为科学而研究科学的精神本质上是人文精神，它与艺术精神、宗教精神和伦理精神不仅不相冲突，而且是互相补充、互相需要的，知识教育就是要对受教育者进行科学、艺术、伦理和宗教精神的教育。

　　广义而言，教育启蒙的历程即是人从动物界不断提升的过程，是文明战胜野蛮的思想历险。因此，"启蒙"是一个随着"历史的

---

　　① 单惠中、杨汉麟：《西方教育学名著提要》，江西人民出版社 2000 年版，第122 页。

　　② 同上书，第 130 页。

　　③ 同上书，第 180—181 页。

视界"的拓展而需要不断解读的主题。但是，自近代以来，人分裂为语言、经济、生物的存在，成为科学知识的对象，成为理性的奴隶和近代文明的异化物。如果说，近代的教育启蒙是社会精英分子对广大民众的教化，而今天的启蒙则有了自我唤醒、凸显个人独特性的新的内涵。启蒙的意义就在于重新审视和反思那些被压抑、被隐没的问题，去除权威话语和谎言对于人的蒙蔽和欺骗。不断地去蔽，不断地求得内心的敞亮与澄明，这正是个人意义上的启蒙之涵义。教育启蒙所照亮的当是对各种形式的霸权的消解——对理性霸权、科学霸权、知识霸权、话语霸权的消解。知识不再是对个体经验的强暴性的压抑性的驯化力量，而成为一种解放力量。当教育不再是简单地传授知识，而是批判性地审视我们与真理的关系、叩问我们现实存在的境况并审慎地规划我们行动的方向时，教育便获得了启蒙的意义，并真正有助于具有完整人性的人的生成，教育与启蒙才有可能真正联袂创造理想人生与和谐社会。

## 二　实证主义知识论与现代教育理念

教育的首要任务是传授一种文化的"观念体系"。文化是人类对历史地积淀起来的世界及其自身的基本认识，是对事物本质的认识构成的世界观体系，是每个时代赖以指导其生存的价值观念。西班牙哲学家和教育家加塞特（Qasset，1883—1955）在《大学的任务》中指出："说到高等教育，许多人都指专业教学与科学研究两件事。这恰恰忘记了高等教育的一个最重要的职能，即'文化的教学或传递'。"[①] 知识是文化的核心内容，是经过理性反思并概念化的文化。问题在于，现代社会的教育理念是建立在实证主

---

① 单惠中、杨汉麟：《西方教育学名著提要》，江西人民出版社 2000 年版，第408 页。

义知识论基础上的，正是实证主义知识论造成了我们现今教育的根本困境。

19、20世纪以来，西方学者对理性主义和经验主义的知识观进行修正，分析哲学家罗素、维特根斯坦认为知识是一些可检验的"原子命题"，波普尔认为存在三个世界：物理世界、精神或心理世界、思想内容的世界，即"世界3"，与此相关，他致力于证明思想内容世界的知识是客观的和猜测的，并提出了知识进化的图式；舍勒把知识区分为三种：统治知识或效能知识、教养知识和拯救知识。三种知识服务于三个不同的目标：生命、精神、神性；曼海姆提出了"社会学决定的知识"；福柯则从知识与权力、知识与话语关系对知识作出了规定，认为知识不再是符号化的陈述，而是一系列标准、测验、机构和行为方式，知识不再是理性沉思的产物，而是一系列社会权力关系运作的结果。现代德国学者认为，现代社会最重要的通用知识有四种：一是工具范畴的知识，二是人格范畴的知识，三是社会范畴的知识，四是常识范畴的知识。

美国哲学家普特南认为："科学的成功把哲学家们催眠到如此程度，以至认为，在我们愿意称之为科学的东西之外，根本无法设想知识和理性的可能性。故我这里想说的是，在有这样一种哲学思潮的文化中，考虑到科学在一般文化中的崇高声望，考虑到宗教、绝对伦理学和先验形而上学的名声日渐低落，出现上述情况便是可想而知的事情。我还想说，科学在一般文化中的崇高声望要极大地归功于科学的工具性的巨大成功，以及科学似乎摆脱了我们在宗教、伦理学和形而上学问题上所能见到的无休无止的不可解决的争端这一事实。"①

其实，早在19世纪，法国实证主义哲学家孔德（August

---

① 希拉里·普特南：《理性、真理与历史》，童世骏、李光程译，上海译文出版社1997年版，第186页。

Comte，1798—1857）就把认识论与社会静力学和社会动力学结合起来，提出了科学或知识发展过程的三级规律：科学是一个由神学阶段发展到形而上学阶段再到实证阶段的过程，与此相应，知识也分类为虚构的宗教知识（religious knowledge）、抽象的形而上学知识（metaphysical knowledge）和科学的实证知识（positive knowledge）。按照孔德的实证主义知识理想，所有知识最后的归属都是第三阶段，只不过是时间早晚的问题。

　　孔德实证主义知识观对于近现代中西方教育理论的形成具有决定性的影响。然而，实证主义知识观却是一个未经批判性反思的观念，我们时代的悖谬和教育的困境皆根源于此。受孔德、福科和利奥塔知识类型学说的启发，我国学者石中英博士在他富有创造性的研究著述《知识转型与教育改革》中，把知识区分为原始知识型（神话知识型）、古代知识型（形而上学知识型）、现代知识型（科学知识型）和后现代知识型（文化知识型）四种类型。① 由于对实证主义科学观和知识类型论未经反省的接受，使石中英博士在把学术视野延伸到后现代的同时，却包含着如下两个内在的理论不完善性：其一，与孔德一样，他过于夸大了知识转型的历时线形递进关系，而没有考虑知识类型之间的共时互补关系；其二，他把孔德的神学知识换置为原始神话知识，没有说明西方基督教时代宗教知识的类型问题，而是简单地将西方基督教时代的神学知识归属于形而上学知识类型。

　　孔德的神学阶段和形而上学阶段意指哪个阶段呢？当代德国著名现象学哲学家、天主教思想家、哲学人类学的奠基人、知识社会学著名代表马克斯·舍勒（Max Scheler，1874—1928）指出：

　　"实证主义有关知识的社会动力学的论述之所以大错特错，

---

　　①　石中英：《知识转型与教育改革》，教育科学出版社 2001 年版，第 5 页。

是由于它把目光仅局限在欧洲这块狭小天地之中。换言之，实证主义把过去三个世纪中西欧的知识运动形式当作是整个人的发展规律。我们知道，西欧近三百年来的知识运动形式只是人类精神发展史上微不足道的和地方色彩极浓的一段。就是对这么一小段知识运动形式，实证主义的理解也是片面的。这点是实证主义进步学说中的弥天大错。这一小部分人所拥有的宗教和形而上学在一段历史内的衰败（作为实证科学进步的否定的相关物），实际上是市民阶级资本主义时代的没落。实证主义却把它看作是一般宗教和形而上学精神'寿终正寝'的普遍过程。因此，实证主义对知识发展的普遍历史中这样一个基本事实视而不见，即在人类所有伟大的文化圈和与文化效果相应的不同社会结构内部，有关实现这三种人类精神所特有的知识类型的能力划分标准是千差万别的。"①

舍勒的论述清楚地表明，孔德的实证主义知识观有三个根本性的错误：

（1）他归纳出的科学或知识发展的规律在时间上只考虑了西欧过去三百年的知识运动形式，没有涉及古希腊时代的知识形式，因而虽然他正确地使神学知识领先于形而上学知识，但他所谓的神学知识—形而上学知识—科学知识实际对应的历史时代是17—19世纪以来欧洲知识运动的时代；

（2）他的科学或知识发展过程的规律在空间地域上仅局限在西欧狭小的范围之内，没有顾及到印度和东亚文化圈知识的运动过程；

（3）因而，实证主义在逻辑上把一小部分人所拥有的宗教和形而上学在市民阶级资本主义这一历史阶段内的衰败，看作是一般宗教和形而上学精神"寿终正寝"的普遍过程。

---

① 舍勒：《舍勒选集》下卷，刘小枫编译，上海三联书店1999年版，第1109—1110页。

正是这个有待厘清的实证主义知识观，却被一些现代学者接受为运思的理论依据和分析框架。由于实证主义知识观的上述错误，以致于石中英博士在用原始神话知识型来领先于形而上学知识型的同时，只能把基督教时代的神学知识归属于形而上学知识型，并不加反思地认同实证主义结论而把狭小地域的知识运动形式视为整个人类的知识运动的一般规律。实际上，在西方近现代思想运动中，从文艺复兴到 18 世纪法国哲学再到尼采进行了三次征讨上帝的运动；而实证主义、新康德主义和历史主义三大思潮都曾宣称任何形而上学都是不可能的。马赫、阿芬那留斯等实证主义从特定感觉中推导出存在形式及其认识形式，因此宣称任何形而上学是无意义的；新康德主义虽然承认形而上学问题是理性的永恒问题，但又认为这些问题是理论无法解决的；狄尔泰、特洛尔奇和斯宾格勒等历史主义认为，所有宗教世界观和哲学世界观都只是变易不居的历史和社会生活情景的动态表达形式。他们都以不同的形式论证了神学和哲学的终结，回应了孔德实证主义科学观的知识论学说。

实证主义科学观认为，科学的对象是客观的事实和规律，从客观的事实出发是科学的基本原则；科学实验是检验科学真理的唯一标准；科学的客观真理只允许对物质和精神世界的事实加以确证，要求科学研究者必须小心地排除一切作出价值判断的立场，而不探问作为科研主体的人及其文化构造是不是理性的；按照实证科学的立场，关于存在和存在的秩序问题，关于精神和物质的关系问题，是个不能由事实的控制来做出结论的问题，因此科学必须排斥形而上学。胡塞尔曾经尖锐地指出：从 19 世纪后半期以来，现代人的整个世界观受知性逻辑和工具理性的支配并迷惑于实证科学所造就的繁荣，但是，实证主义科学观这个"残缺不全的概念"使科学失去了可靠的基础并陷入了深刻的危机，由于"科学观念被实证地简化为纯粹事实的科学，科学的

'危机'表现为科学丧失了生活意义"。① 只见事实的科学造就了只见事实的人。实证科学在原则上排斥了一个对人而言命运攸关的根本问题：探问整个人生有无意义。

真正说来，以孔德、穆勒和斯宾塞为代表的实证主义关于知识三个阶段的知识论在根本上就是错误的。在实证主义知识观看来，宗教通过对自然的解释以便使人类适应社会，随着科学的发展宗教势必会逐渐瓦解直至最后消失。它把神学→形而上学→科学三者看作是线形替代关系，把宗教和形而上学在西欧近现代的衰落看作是人类知识运动的普遍形式。实际上，无论是宗教—神学的认知思维、形而上学的认知思维还是实证科学的认知思维形式，都不是知识发展的历史阶段，而是人类精神均等的永恒立场和认识形式，"它们之间没有谁能'取代'或'代理'其他任何一方"。宗教、形而上学和科学三者的"最初的权利都是均等的，而且同样都是源自神话思维，并且互相逐渐分化开来"。②在共时而非历时关系上，神学、哲学和科学作为三种不同形态的认知精神活动，确实具有不同的动机和目的。从动机来看，宗教是为了从精神角度使个体自我能够得到确证，最终实现拯救个体；形而上学则是对"存在"的不断震惊，海德格尔说，哲学起源于古希腊人对"一切存在者在存在中"（Alles Seiende ist im Sein）的惊讶；实证科学则出于控制自然、社会和灵魂的需要。宗教通过对神圣的渴慕并通过"圣徒"而为个体提供信仰；形而上学通过"智者"的理性在本质直观中提供有关本质结构的知识体系，它不提供专业知识或职业知识等任意一种知识；实证

①　E. Husserl. *Die krisis der enropaischen Wissenschaften und die transzendentale phano-mendogie*, Hamberg1982, S3.

②　舍勒：《舍勒选集》下卷，刘小枫编译，上海三联书店1999年版，第1106页。

科学时代的精神领袖是"专家"或"学者"，它试图通过观察、实验、归纳和演绎并运用数学符号建构世界图景以达到其控制自然、社会和灵魂的目的，而科学的世界图景却有意否弃了神圣信仰并忽视了世界的所有本质，它只接纳现象之间的关系，以便根据这些关系来支配和控制自然。

实证主义使人类精神和知识的内容及对象越来越单一和抽象化了，而忽略了人类精神结构的复杂性和丰富多样性。真正说来，在古希腊时代，神学、哲学和科学就表现出共同源于神语文本的特征，因而表现出神学、哲学和科学的同源关系。

古代亚里士多德就已经根据研究的对象和目的的不同，对精神立场和认识形式进行了分类，提出了一个由逻辑学、理论科学（theoretike）、实践科学（praktike）和创制科学（poetike）构成的完整的科学结构图式。亚里士多德虽然在他的科学结构中没有给宗教以地位，但以苏格拉底、柏拉图、亚里士多德为代表的古希腊教育的主要目的是实现人的个体灵魂对现实的不断超升，这种对超世俗的永恒生活的理性追求后来被基督教神学用来作为论证个体在对上帝信仰中救赎的宗教渴望。

这表明，人无论作为类的存在还是作为个体存在，其精神结构都是由信仰、理性和知识来奠基的。但实证主义对神学信仰的拒斥和形而上学可能性的怀疑，意味着对赋予一切存在者以最终意义的普遍理性信仰的崩溃，而理性的失落使得历史意义的信仰，对人的意义的信仰、对自由的信仰、对人生存在赋予理性意义的人的能力的信仰，都统统失去了。胡塞尔深刻地指出，"如果人失去了这些信仰，也就意味着失去了对自己（an sich Selbst）的信仰，对自己真正存在（eigene wahre Sein）的信仰"。①

---

① E. Husserl . *Die krisis der enropaischen Wissenschaften und die transzendentale phanomendogie*，S8.

## 三　现代教育的实证经验理性基础

实证主义对神学和形而上学的拒斥致使科学知识成为近现代社会的主导形态，现代教育理念就建立在这种实证主义的知识学基础之上，即现代型的自然知识和社会知识基础之上，现代教育理念的正当性诉求就是得自这种实证主义知识论的论证。

如前所述，由于实证主义知识观错误地把西欧近三百年来的知识运动形式看作是人类知识运动的普遍形式，把最初权利均等的宗教、形而上学和科学三种人类精神的永恒立场和认识形式看作是神学→形而上学→科学的线形替代关系，因而把一小部分人所拥有的宗教和形而上学在市民阶级资本主义时代的没落看作是一般宗教和形而上学精神"寿终正寝"的普遍过程。实证主义诉诸经验理性，它拒斥神学的信仰和哲学的理性并使实证主义的科学知识成为近现代唯一合理的和独有的知识类型，遗憾的是，现代教育作为知识的传播介质其理念就建立在这种实证主义的经验理性的基础之上。

何谓理性？现象学的创始人胡塞尔指出：欧洲民族是个哲学的或理性的民族，在欧洲文明的源头，在古希腊罗马人那里，最根本性的就是"哲学的"人生存在方式（"Philosophie"Daseins-form），即根据纯粹理性、根据哲学自由地塑造他们自己，塑造他们的整个生活和法律。在整个哲学的普遍理性的历史运动过程中，欧洲人的存在或存在的意义，或者说欧洲人的人性，全维系于理性，关于认识的真理、伦理的善，以及世界的意义、自由、神等形而上学问题，都属于理性的问题并被加以理性地思考。所谓"理性"，就是"绝对的、永恒的、超时间的、无条件的有效的理念和理想的称号"。① 哲学作为关于最高的和最终的问题的科学，这种理性地把握世界的方式塑造了自古希腊以来的西方理性主义传统，即超越事实和自然物、追求绝对真理并自由思考和自我决定的最理想的精神生活，坚信理性给予一切事物、价值和目的以最终的意义。

柏拉图的理念论是通过种、属的命名活动把感性世界加以抽象而普遍化的（古希腊的数学、如关于数和量的形式化的抽象理论的几何学就被委以普遍性的任务），它虽给理性的人找到了安身立命的基地，却凸现了理性的理念世界与感性经验的物质世界的矛盾。亚里士多德批判地发展了苏格拉底—柏拉图的基本思想，他试图以认识论的范畴论来缓解理念世界与物质世界的紧张关系，他的范畴论承担着沟通现象和本体、感性与理性的功能。但亚氏的范畴论在理论原则上隐含着把柏拉图的"理念"二分化的倾向，即经验性的理念（具体理念）和纯粹理性的理念（最高的理念）。这一划分成为哲学中的经验论和唯物理论分歧的根源，并在康德哲学的综合创新中进一步被明朗化为"经验的概念"和"理性的概念"。黑格尔认为区分知性与理性是康德的独创，实际上康德创新的是"知性"，其基本功能相当于前康德的理性。因此，感性与知性之相互依存地构成经验，恰同于前康德的近代哲学中的感性与理性的功能。在康德看来，作为近现代文化最重要的语言思维构架的"感性与理性"实际上只是"感性与知性"，而渊源于柏拉图的以无限者为对象的纯粹理性的埋念，即作为无限性思维的理性或理性的概念则从未被加以科学的考察过。

中世纪争论的一个基本问题是哲学与神学、理性与信仰的关

---

① 　E·Husserl. *Die krisis der enropaischen Wissenschaften und die transzendentale pha-nomendogie*，S3.

系，从教父学中理性辩护主义与信仰主义的矛盾到奥古斯丁混淆哲学与神学的观念，到早期经院哲学时，正统神学家成功地把哲学当作神学的附庸，把理性变成信仰的驯服工具。

托马斯一方面明确地区分了哲学与神学，另一方面又坚持神学高于哲学，杜绝哲学批判神学的可能性。他坚持现实世界和超现实世界的区分，人的理智只能认识现实世界，但因其先天的不足而无法认识超现实世界，只能用信仰来把握。因此，哲学和神学各有其研究对象。神学就是探究超越于人类理性之上的对象，并提供一切知识的标准和成为一切科学的基础。神学虽然超越于理性之上并高于一切科学和哲学，但绝不是反理性的。真理只有一个，就是上帝，哲学理性和神学信仰是达到真理的两个环节。人的自然理性虽然可以独立地认识上帝，但充分发挥理性是艰苦的努力，只有少数哲学家经过长期训练和艰苦探索之后才能获得一部分真理，这将使大多数人失去真理。为使人们能够获得上帝拯救，"除了理性研究的哲学科学之外，还必须有一门通过启示的神圣学科"。[①] 他虽然仍坚持哲学理性为神学进行论证的"婢女"地位，但明确的区分哲学和神学则是个进步。

近代以来，笛卡儿比较深入地讨论了理性概念。从笛卡儿的论述中可以看出他赋予理性以以下含义：理性是人之为人的本质；理性是先天的，是人生而具有的；理性就是思想、思维（包括怀疑、理解、肯定、否定）；理性也是意志（愿意、不愿意），甚至还包括想象和感觉。笛卡儿是在意识活动的心理基础上描述理性概念的，他对于知识（理解）、意志、情感三者各自不同的特点以及它们之间的区别与联系、对于理性与感觉经验的区别与联系、对于理性的先天性、理性为什么是人之为人的本质

---

① 　托马斯·阿奎那：《神学大全》，见北京大学哲学系《西方哲学原著选读》上卷，商务印书馆1982年版，第1集第1题第2条。

等问题都未能作出更为深入的思考。

但是，近代科学在理性的支持下获得了巨大的成就。近代科学具有理论科学和实验科学两种倾向，前者以数学为典型，后者以力学为代表。唯理论以数学为楷模，从理性原理出发以演绎法去寻求普遍必然性知识；经验论则以实验科学尤其是力学为榜样，以经验归纳法去寻求实用性知识。康德继承了经验论和唯理论并担当起为科学知识寻求基础的任务，但他既不满意能扩大知识而不能保证知识必然性的经验论，也不满意能保证知识的必然性却不能扩大人类知识的唯理论。为此，康德试图对人类理性能力进行批判，从而发现普遍性和必然性之所在，以保证知识的客观性，获得真知识。

在康德那里，理性首先区分为理论理性和实践理性，理论理性自身又区分为感性、知性和理性。理性是人的理性而不是神的理性，正是人的有限性及其对无限的完善性的追求与向往，人的理性才显示为自身划界而又自身超越的特征，表现为理性对经验的依赖而又超越，这是理性的超验性。在他看来，以近代科学为典型的认识之本质，实即知性范畴加工感性材料以构成知识。现象与本体的划界乃是正当运用知性的前提，它只能运用于经验现象而不能僭越认识物自体，因而知性是有限的。理论理性既限制知性又指向一个超出知性定在（Dasein）的无限的存在（Sein），即把知性引导到全面一致性、完整性和综合统一性上去。理论理性在追求完整统一性的认识论的同时也超出自身去追究意义论的问题，于是，理论理性走向实践理性，而着眼于意志原理的实践理性在道德法则下肯定性地论证了自由。实践理性的全部原理表明，自由不仅是本体性的根据和原因，而且是理性追求的最终的目的。自由或意志自由作为全部理性体系的拱心石和最高价值尺度，为人类全部活动提供了最终依据，同时又成为活动动力的最高原因。康德指出，在目的国度中，人就是目的本身，要把你自己人身中的人性，和其他人身中的人性，在任何时候都同样看作是目的，永远不能只是看作手段。

康德的感性、知性、理性三分和理论理性与实践理性的分离，其目的是划定知识的界限并为信仰保留底盘。但是，近代科学的辉煌成就使其难以容忍理性设置的界限，知性对理性的攻击要求一切都应置于对象性思维中由系词判定为某一宾词并转化为知识，于是，理性被纳入知性（实证主义等）或理性承担知性的职能而把自身知性化（黑格尔主义）。理性的知性化最终导致了理性的失落，知性以经验理性的面目取代了理性，并使知识的价值含义发生了根本的变化。

理性的知性化即经验理性既是实证主义科学观和知识观的基础，也是现代教育理念设计的基础。建立在经验理性基础上的实证主义知识观认为：凡是能被称为知识的，只能是关于事实的知识。这实际上是说，只有建立在直接或间接观察基础上得到的判断，以及根据这些判断可以逻辑必然地推出的另一些判断才可以称之为知识。韦伯就是据此经验理性的基本原则来建构自己的知识观的，即知识是一些对应于被观察事实的判断性陈述，凡不是对应于可观察事实的陈述，都不能算是知识。在经验理性来看，"可观察到的事实"是判定何为知识的最终标准。据此，符合这个标准的知识陈述有两个样式：

1. 经验性知识陈述。它以经验事实为依据，排斥任何假定有一个超越因素解释事实的可能，只以有限解释有限（经验因果性）。

2. 论证的形式逻辑陈述。它用演绎方法从先天或同义反复的陈述中引申出其所蕴涵的意义，这是纯粹逻辑或数学的陈述。如果要确定一个陈述是否是知识，可以通过这两种知识陈述的标准来检验。

人们所熟知的关于知识的观点是现代性的产物。康德最完整地表达了关于知识的现代观点，他要求一切能够称得上知识的判断都必须具有客观有效性或者普遍必然性，明确地将个人的主张、意见、偏见、经验、情感、常识等主观性东西排除在知识之外，以便从逻辑上把普通性赋予知识，从而简洁地把知识的普遍性要求表述为一种知识陈述，即一切能够称之为客观知识的逻辑判断，必然同时超越各种社会和个体条件的限制，能够得到普遍的证实并被普遍接纳。知识的这种属性决不会随着意识形态、价值观念、生活方式以及性别、种族等的改变而改变，因而是先天的、绝对的。康德的这个规定在个人的主观价值判断和普遍的科学陈述之间划定了严格界限。科学陈述具有中立属性，与"文化无涉"、是纯粹经验和理智的产物。获得科学陈述，就必须像胡塞尔所说的那样，搁置或"悬置"认识主体所有的观念，直接面向"事物本身"。这种关于知识的观点不仅影响着人们对自然科学知识的判断，也影响着人们对社会科学知识的判断。在后现代境域，知识失去客观性属性，只拥有主观性和相对性品质。就像哈贝马斯期望的那样，真理概念是由共识构成的，而共识是由参与讨论的人在没有内在、外在制约下参加讨论所达成的。知识被情境化，所有的知识只具有局部的、不确定的或境域的特性；这些局部存在的和境域的条件不会对知识形成造成干扰，反而是知识形成的前提，同时也是知识能够被理解的前提。总而言之，知识既不是对世界的"镜式"反映，也不是对事物本质的"发现"与"揭示"，而是人们理解事物及其自身关系的一种策略，并且，随着科学的专业化和各种科学制度体系的建立，知识最终会化身为社会规范的间接组成单元。

后现代知识观的核心是清除科学主义的绝对知识观，解构知识的"客观"、"普适"和"价值中立"性。后现代主义对传统知识观的解构是以科学知识作为批判对象的，其对科学与真理、工具理性与单向度人、科学知识与文化霸权等进行了深刻的剖析。按照后现代主义知识观的观点，知识不可能脱离人而生产，而人都是一定社会、文化背景中的人，作为人的认识结果的知识，是"文化的"而不是"客观的"，是"境域的"而不是"普遍的"。为现代主义者所熟悉的、描述知识特征的术语如"普遍性"、"必然性"、"价值中立"等在后现代知识定义中不见了。在后现代境域，知识失去客观性属性，只拥有主观性和相对性品质。一般所说的认识，特别是对社会的认识绝对不是呆板的主体对客观世界直观的、理性的反映过程，而是主体与主体之间的理解与合作，是主体与客体之间的沟通和对话。就像哈贝马斯期望的那样，真理概念是由共识构成的，而共识是由参与讨论的人在没有内在、外在制约下参加讨论所达成的。在这个达成共识的对话交往过程中，人的情感、态度、价值观，已有的生活经历会发挥重大作用，影响共识的形成，于是，知识被情境化，所有的知识只具有局部的、不确定的或境域的特性知识成为人们理解事物及其自身关系的一种策略，并且，随着科学的专业化和各种科学制度体系的建立，它最终会化身为社会规范的间接组成单元。

后现代主义创立了一种否定科学主义文化观的后哲学文化，以人文主义的姿态把理性主义哲学普遍化、本质化的知识论真理观回归为日常生活的真理观。它试图摧毁把科学知识作为全部人类生活根据的现代信念，改变那种片面追求科学、追求所谓客观真理而远离伦理价值和文化的非人化趋势，探索一种更具历史文化内涵的社会伦理价值。真理与具体历史文化的内在联系，决定了启蒙哲学的知识理想实际上不过是主观性的幻想，不能成为我们的文化的依据。从人类学的根源看，柏拉图、康德和现代的实证主义者共同怀有这样一个"唯科学主义的人类学信念"，这就是相信"人具有一个本质，即他必须去发现各种本质"。但是，人又因"地域褊狭主义"文化观念的限制，总想寻找一种"超历史的性质"的合理性，一种能够克服私人语言不可公度性的可公度性语言，作为实现"人类的繁荣"的根据。后现代文化认为，知识论真理观及其追求的所谓超越文化和社会局限性的共同性或事物普遍本质，实际上是知识论哲学制造的神话。它隐含着科学对人类生活和人类文化各个部门的一种霸权意识。这就是"接近"于本质的知识比"远离"本质的知识拥有更多的真理；而掌握较多"客观真理"的文化优越于较少"客观真理"的文化；"科学"的文化在价值上优越于"非科学"的文化。正是哲学与科学的结盟，才使近代以来的思想能够冲破宗教神学和蒙昧主义对人们思想的控制，取得对封建主义的胜利。同时，也正是知识论的真理观在促进人类探索自然奥秘、发现自然规律方面所发挥的人文学激励作用，才使人类能一路高歌，取得科学认识上的巨大成就。因此，承认知识论真理观的价值，仍然是后现代文化和教育应该加以解决的问题。

其实，在日常生活世界的领域里，人与人的关系是靠情感与信念维系的。知识与意义的分离越甚，科学在取消了上帝的权威之后，就越代之以各个知识领域里专家的权威。但上帝的权威为我们提供意义，而专家的权威只能为我们提供知识。现代人的生存危机，不仅是技术理性造成了人性的分裂，更深层的根源在于，由于上帝、形而上学和理性逻辑的抽身离去，人失去了终极实体的依靠和稳固根基，处身于"无家可归"的被抛弃状态。理性逻辑减退了感性生命的自然灵性，形而上的实体无法慰藉个人的孤独灵魂，上帝的抽身隐没使人最终失去了获救的希望。诸神的逃离意味着黑夜降临，人生在世失去了根基。

20世纪50年代以来，随着计算机技术的出现，科学越来越被理解为是人类面对自然和社会现实时用以解决实际问题的工具。丹尼尔·贝尔把知识、市场和权力结合在一起给"知识"

概念下了一个可操作性的定义："知识是一种客观上已经认识的事物，一种精神财富，冠以一个或一组名字，由版权或其他一些社会承认的形式（如出版）所认可。这种知识根据写作和研究所花费的时间，以通讯和教育工具的货币补偿方式得到了报酬。他受制于市场判断、上级的行政或政治决策的判断，或者对成果价值或要求的当地社会资源的判断。"① 这个概念虽然缺失人文精神而只有工具理性，但它符合了知识概念的"可操作性"要求。这里，不被权力和市场认可的知识是被排除在外的。以信息为基础的智能技术和机械技术并驾齐驱，国家对科学支持的性质和种类、科学的政治化、科学队伍的组织工作的社会学问题成了知识社会中的中心政策问题。

　　人工智能研究专家对知识的定义具有更为清晰的可操作性。美国人工智能系统专家加塔罗（Giarrtano）在《专家系统原理与编程》一书中把当代知识概念描述成一个金字塔：金字塔底层是噪声或者缺乏关联的东西，它由没有意义或者是含糊难解的数据组成，这是一些完全还没有经过智能加工的对象，一个混沌的看不见秩序的对象整体。第二层是数据，数据是在底层基础上初步筛选出的有潜在意义的事项，数据可以看作是语言对于对象的命名，它或者由数字，或者用字符，或者用象形符号来表示。第三层是信息，信息被看作是数据在特定场合下的意义，信息常常是语句或者命题所包含的意义，当数据变为信息时，往往是数据组合的结果。第四层是知识。仅仅信息还不能称为知识，只有对信息的加工、整理、解释、挑选，形成了对于被研究对象的逻辑关联，也就是形成了普遍性、系统性和规律性的东西，这种信息关联的系统结果才能称之为知识。用构造式的方式来定义知识：知识＝信息＋关联。金字塔的顶峰是智能，智能是人类最神秘莫

---

① 贝尔：《后工业社会的来临》，高铭等译，商务印书馆1986年版，第193页。

测的东西，美国心理学者加德纳把人类智能归纳为 7 种：（1）语言文字智能；（2）逻辑数学智能；（3）空间智能；（4）音乐智能；（5）身体运动智能；（6）人际关系智能；（7）自我认识智能。所有这些智能最后都归结为使用符号的能力，将符号用一定的关系连接起来的能力。智能是知识得以构建的元知识，它是人类生命的秘密所在。所以我们最好只去设想基于知识的系统，把人类智能切分成各个部分，只建构那些可操作性的对象，而不要轻易去设想基于智能的系统。

在此基础上，教育学和心理学也对知识和教学的关系进行了深入的思考和研究。现代认知心理学区分了广义与狭义两种知识观。按狭义的知识观，知识仅包括它的贮存和提取。布卢姆认知教育目标分类中的"知识"，加涅认知学习结果分类中的"言语信息"，安德森的"陈述性知识"和梅耶的"语义知识"都属于狭义的知识。通常说的"学生不仅要掌握知识，而且要形成能力"，这里的知识也是指的狭义的知识。按广义的知识观，知识不仅包括它的贮存与提取，而且包括它的运用。加涅的智慧技能，布卢姆的领会、运用、分析、综合、评价，都是指知识的应用。广义的知识观已经将知识、技能与策略融为一体了。所以，知识可概括为三大类：陈述性知识、程序性知识、策略性知识。这三大类知识也就是我们所说的广义的知识。

认知心理学家为了解决知识是如何在人脑中呈现和记载这一问题，引用了表征（Tepresentation）这一概念。所谓表征就是信息在人脑中呈现和记载的方式。关于知识如何在人脑中表征的问题存在多种理论和争论，但当前较为普遍的观点认为：陈述性知识以命题和命题网络表征；程序性知识以产生式和产生式系统表征；整块的知识以图式（Schema）表征。现代认知心理学对三类知识的习得过程和条件、二类知识在解决问题中的作用与迁移以及不同类型的知识教育过程、教学方法、模式的选择与应用等进行了有益的研究，为现代教育教学活动的安排提供了认知心理学的依据。

但是，随着科学技术在西方社会现代生活中起着越来越关键的作用，教育的理念和使命也发生了根本变化，专门职业教育取代了自由教育，科学及科学教育日益专业化、技术化和实用化了，除了少数最伟大的科学家（如爱因斯坦）还保持着科学精神，其他人则陷于越来越精密的分工。不仅如此，科学与其他精神领域的分工也变得绝对化了，科学凌驾于其他精神生活之上，使人成了"单面的人"。

理性的知性化和纯粹理性的失落使近代经验论与因果律的物理立场（科学试验）排斥着超验本体的维度，与此相应，现代社会的生产和生活方式造成了科学和知性的繁荣，知性实践造就了渗透生活的技术主义和实用主义浪潮，理性的失落则使世俗目的与价值漂浮于相对主义之中。这种以理性面目出现的知性即科技理性借助完善的逻辑和实验方法，使西方理性精神朝着可操作的事实世界片面发展了，理性、科学从理想的生活方式跌落为技术，甚至沦为杀人的手段；真正合乎人性的生活则失去了纯正理性的指导，陷入了非理性和价值虚无主义。尼采窥见到了经验理性对上帝的取代并扮演着上帝的角色，于是喊出了"上帝死了"的口号！他开始怀疑，理性是人的存在吗？理性能够解释存在的意义、提供存在的根据吗？在尼采之后，海德格尔继续追问，科学能够解释和提供存在的意义吗？人对人施加的暴力是以人对自然施加的暴力为基础的。人在展现自身"质"的丰富性而对自然进行随心所欲的征服时，自然就以它特有的方式还暴力以虚无，即把施暴于自然的人类导向非人化的虚无。既然人在理性面前和自然万物一样，只是作为一个存在物而存在，因而，人的存在本体就在科学对自然的解释中成为各种存在物的属性、关系，并被歪曲、混淆、淹没了。当培根在近代提出"知识就是力量（权力）"的口号时，持续的经济增长和物质生活的空前高涨，把科学及其知识推到了主宰一切的"王位"，此时人们也猛然醒悟：科学知识作为人类获取自身目的的手段，也同样葬送或正在葬送着人的目的。

科学知识是人类理性能力的产物。理性是承纳世界和人自身为普遍性的规范能力，理性的生成与扩展是以人和世界的不可分离的分离为前提的。理性可以区分为理论理性和实践理性，理论理性（它在近代延异为工具理性）的科技知识提供给人赖以生存的手段，具有工具性效用；实践理性（或叫道德理性）的道德价值提供生活的意义，具有目的性效能。道德理性关心理性应该的目的，科技理性提供理性现实的手段，按理，目的和手段的统一才能实现理性的尽善尽美。但是，手段常常把自身作为目的来追求，由此造成手段和目的的背离。今天的教育理念和制度安排，如果只是一味地强调知识教育，只关心生存的手段，而失落了生活的目的本身，道德目的和科学手段相悖的结果，将导致人在征服世界和改造社会的同时出现了一个非常奇怪的历史现象：科学的进步一方面极其丰富地开启了人的感觉能力或本质力量，另一方面又使这丰富的能力感知着更加巨大的精神空虚；一面发现了"手段的王国"，一面又迷失于"人的目的"。人正处身于"计算机—加速器"和"坦克—飞机"之间，它们既是人类获取自身目的之手段，同时又葬送或正在葬送着人的目的。如此巨大的生存困惑，要求我们的教育学理论必须关注并回答"生命的意义到底是什么"这个价值论根本问题。

# 第三章　美德论：教育与道德价值

按照亚里士多德和康德关于"理性"的理论理性和实践理性的二分法，如果说知识论讨论的问题属于理论理性的范畴，回答的是教育通过传授知识以解决人的生存层面的问题；那么，本章讨论的问题就属于实践理性[①]的范畴，回答的是如何通过道德教育以培养具有审美情趣和德性价值的人并自觉建构道德主体的问题。爱因斯坦在谈到专业知识教育与道德教育之间的关系以及道德教育的重要性时曾深刻地指出："用专业知识教育人是不够的。通过专业教育，他可以成为一种有用的机器，但是不能成为一个和谐发展的人。要使学生对价值有所理解并产生热烈的情感，那是最基本的。否则，他——连同他的专业知识——就像一只受过很好训练的狗，而不像一个和谐发展的人。"[②]

在科技理性陷于危机的当代，如何克服启蒙时代科技理性只重视知识教育的片面性与独断性，促进人的道德进步和精神成长，是包括教育学在内的哲学社会科学都在思考的重要命题。西

---

① "实践理性"是个充满歧义性的概念，目前国内学术界有以下几种理解：（1）实践理性就是实践观念，是理论向实践过渡的中间环节；（2）实践理性是人类掌握世界的实践—精神方式；（3）实践理性是人们从主体需要和意志出发进行各种社会活动的自控能力和规范原则；（4）实践理性是一种道德理性（参阅王炳书："实践理性问题研究"，《哲学动态》1999年第1期）。本书主要是在亚里士多德和康德的意义上使用实践理性概念的。

② 《教育研究》1981年第5期，第45—46页。

方进入现代社会以来，从元伦理学、描述伦理学到新功利主义伦理学、社会伦理学等，各种道德学派注重分析道德语词，描述道德现象，提出新的道德计算方式，并着力思考社会正义问题。但是，个人的修身成德、人格的塑造成形、遵循道德命令追求人格完善以及自由自律的理性化的人生理想等重要的伦理学问题却在我们时代的教育体系中被淡忘了。我们时代的道德教育越来越瞩目于社会管理的效率和正义秩序，却把如何培养善良而公正的人看作一个过时的古典心性论的形而上话题而搁置起来。

一般说来，道德教育是一定社会为使人们接受和遵循该社会的道德规范体系的要求，按其价值标准处世做人、塑造人的品德而有计划和有组织地对人们施加系统的道德影响活动。道德教育旨在让人们自觉地践行道德义务，是培育理想人格、造就人们内在品质、调节社会行为、形成良好社会舆论和社会风气的重要手段。道德教育的过程由培养和提高道德认识、陶冶人们的道德情感、锻炼道德意志、确立道德信念和形成道德习惯等环节构成，家庭、学校和社会是进行道德教育的主要途径，而自我道德教育则对不断提高道德修养，发挥着主要作用。

## 一　道德教育的人性论基础

长期以来，在教育领域中我们存有许多比较混乱的思维方式，突出的表现就是：哲学与科学区分不清，理论理性与实践理性界限不明，即把哲学的话语当作科学的话语，或把科学的话语当作哲学的话语。在道德教育领域的混乱表现是把科学认知的话语与人的生活实践的话语严重混淆起来。

经验证实的认知话语不可能确立道德教育的基础，因为不能用来探讨人到底是"恶"还是"善"。在认知理性思维架构内讨论的是经验事实，人性问题应当放在实践理性架构内加以把握，因为人性不是"是什么"的问题，而是"当如何"的问题，即必须把人性放在人的生存意义上、目的性上、方向性上去理解。这是因为，人作为一个个体代表着人性。他既是"他"又是"他们"，既是"这个"（特殊），又是"类"（普遍），他因其特殊性成为独一无二的个体，又因为具有人类的一切特征，而成为人类的一员。人之所以为人，自然性首先是其中一个不可缺少的方面，但人在万物中，却以崭新的特质出现。这些特质包括他对其自身作为一种单独实体的意识，他记忆过去、预想未来并用象征符号来指称客体与行动的能力，他设想和理解世界的理性，以及他赖以达到感觉范围之外的想象。[①] 其中将人与动物严格区别开来的是人具有理性、道德和思想。康德说，实践理性是人区别于其他一切存在物的本质所在，是人作为自由自觉的目的的象征。人就其自然性而言，其本能性的适应已达到最低限度，所以弗罗姆称"人是所有动物中最为绝望的动物"；[②] 但这一自然缺陷却成为促使人类另辟蹊径、向着特殊的特性发展的重要力量。自我意识、理性、道德、思想、想象突破了他作为自然性的一面，成为一种"反常物"。他作为自然的一部分，对其自身的自然规律只能服从，不能改变，然而他却因其生物缺陷超越了自然的其他部分。他既属自然，又与自然分道扬镳。此时，人既不可能回到原初，也不可能复制其他物种的生活模式，他无处可逃。通过人的特性，他意识到了他的有限性，处于一种持续不断的和无法回避的不平衡状态，人成为"唯一可能感到烦恼，感到不满足，感到被逐出伊甸园的动物"。[③] 我们承认人的自然本性可能会为普遍约束力的伦

---

① ［美］埃里希·弗罗姆：《自为的人——伦理学的心理探究》，万俊人译，国际文化出版公司1988年版，第34页。

② 同上。

③ 同上书，第35页。

理规范提供一个充分的牢固的基础，但此时存在的人的"本性"并非就能够成为这样一个基础。因为我们此时能够看到的和感受到的并非表明其是"真实"的人的本性。这一本性目前只是一种可能性，还尚未产生，它需要他力的协助，需要经过长期的努力和剧烈的"产痛"才能释放出来。因此，人成为"有限的理性存在"。康德认为人的理性有两种功能：一是认识功能，一是意志功能。康德称前者为理论理性，称后者为实践理性；理论理性获得只是关于现象的知识，人类所追求的超出经验之外的道德知识靠理论理性是不能实现的，只能诉诸于实践理性。因此人必须超越，必须着手去发展理性，去创造一个属于自己的新世界，直到他成为自己的主人。因为没有理性和理性倡导者的帮助，靠它自身是无法实现的，而我们要使这种可能性变为现实，在揭示出人类身上隐藏的道德潜能的同时还须营造一个有助于践行良好道德行为的环境，而这一切都与道德教育密切相关。因此，道德教育的目的并不是在认知理性的基础上建立起来的，道德教育的目的是实践上的需要，是指向人的价值、人的尊严的需要。

启蒙的观念曾教导人要信赖自己的理性，把它作为一种建立有效的伦理规范的指南，人可以依赖自己而无需教会的启示和权威来知善恶。为了认识什么对人是善的或恶的，人们不得不认识自己的本性。人性善恶本质上是人为了满足某种理论思考的需要而进行的一种设定，满足的理论需求不同，对人性善恶的设定也不同。真正说来，人性善恶这个问题在哲学上争讼几千年而难以决断。西方哲学在这个问题上的争讼不休恰好表明人性善恶的二重性与不确定性。任何具体学科都有其确定的研究对象，当具体科学的理论思考关涉人性问题时，都必须对人性善恶作出明确的设定。从西方民主政治的人性论预设来看，人性善恶的设定就具有确定的意义。理性主义民主观以"性善论"的假设为依据，把民主视为根据某种先验原则理性设计的产物，它关注民主本来应该是什么而不是事实上如何，凸显的是民主概念的原始本意，即"由人民进行统治"（人民当家做主），它追求平等优先，关注权力的归属和行使，由于对人的德性的充分信任，它主张权力属于人民并由人民来行使权力，其目标指向是落实道德理想；它基于人性本善的预设，把所有参与政治活动的人都视为道德人，对大多数人的道德理性能力给予过高的期望，因而对人性中的负面性与具有腐蚀性的权力相结合可能带来的后果缺乏防范意识，以致忽略了在制度层面上对权力的制约性设计，以至于出现法国大革命中多数人的暴政。

经验主义民主观以性恶论为依据，关注权力的范围和限制。它把民主看成是伴随着市民社会、市场经济等经验条件长期演化的自然结果，它依赖于社会历史条件的成熟，重视民主运作的事实状况是什么而不是应该是如何。熊彼特发现了一个重要的"经验事实"，即民主实际上并不是由人民直接进行统治，而是由人民来选择行使权力的政治人物或者说政治人物依靠争取人民的选票而得到行使权力的资格和机会。出于对人性的不信任、对人性中的阴暗面、负面性的正视和警惕，休谟提出了著名的"无赖原则"，即假定所有人都有可能成为无赖，因而民主政治的主要功能就是防范和制约无赖成为政治权力的掌握者；孟德斯鸠则断言"一切有权力的人都容易滥用权力，这是万古不易的一条经验。有权力的人们使用权力一直到遇有界限的地方才休止"①。它以"人性恶"为基础，追求自由优先，强调权力的替换机制和制衡框架，其目标指向是防止权力滥用。

现代民主观则以双重人性预设为依据，把上述两种民主观整合而形成宪政民主观。它对统治者持"性恶论"的假定，基于此，才有宪政、法治的制度设计，才有对统治者滥用权力的防范；

---

① 孟德斯鸠：《论法的精神》上册，张雁深译，商务印书馆1982年版，第154页。

对民众则持"性善论"的假定，基于此，就要尊重他们作为人所应具有的尊严并保障他们参与政治事务等应有的权利。如以性恶论来对待民众，则为防止民众作恶而实施严刑峻法的暴政提供了依据。这就是说，在民主政治时代，对政治权力的制约，仅仅通过法律和分权等制度结构以及社会力量等外在的他律是不够的，外在的制度性的他律并不排除内在的道德自律，而是需要道德自律的辅助和支持。总而言之，"徒法不能以自行"，在现代民主政治的制度框架内，既有民主政治的外在的制度性的他律，又有政治人的道德自律，二者相辅相成、互相配合，才能建构起适合现代人类社会需要的生活秩序。

西方近代思想家和教育家都以人性为基础来研究道德教育问题。文艺复兴运动倡导人文主义和宗教改革，肯定人的价值、尊严和高贵，反对中世纪神学的禁欲主义，宣扬人性解放。人性的合理性得到尊重，虚假的神性生活揭开了真实的面纱，感性、个体的人而非抽象的神或精神被看作是全部生活的基础和整个世界的意义所在。宗教改革也以真诚的信仰来代替各种虚假的形式。因此近代的人性论者大都肯定人的利己主义倾向和人的自然欲望。他们所强调的是人的自然属性。他们的人性观，被英国的经验主义、法国的启蒙主义和德国的理性主义者所继承和发扬。人们在人性善恶的认识上意见纷呈，看法不一。其中英国经验主义者霍布斯认为："人的本性是自私自利的，面对有限的财富，人对人就是狼与狼的关系。"① 即人的本性是自我保存、自私自利、趋利避害的，这是一种典型的性恶论；德国哲学家叔本华也认为人性是恶的；与之相对立，卢梭持人性为善的观点。在这种争论和不一致中，思想家们对道德教育的理解和认识也难成共识。

休谟认为，在道德行为中起作用的基本倾向不是理性而是情

---

① 张忠利：《中西文化概论》，天津大学出版社 2003 年版，第 69 页。

感和同情。道德和道德准则能够借着称颂与谴责对人们的行为发生阻止或促进的影响，而理性则不具备这种作用。决定道德善恶的情感既不是自爱的利己心，也不是仁爱的利他心，而是人的同情心，"人性中任何性质在它的本身和它的结果两方面都是最为引人注目的，就是我们所有的同情别人的那种倾向"①。休谟最初在《人性论》的"道德篇"中把道德情感规定为人的苦乐感，把凡是能给人以快乐并引起满意的情感行为称为道德的或善良的，而把产生痛苦或不快情绪的情感行为称为恶的。但是，苦乐都是一种主观感受，如果过于强调情感对道德的作用，就会陷入苦乐决定论的道德狭隘性和主观性。为此，在《道德原理探究》中，休谟把道德情感规定为人们的共同利益感，即用利益、效用的客观性来限制个人好恶的主观性。虽然自私的冲动经常支配人们的活动，但人的同情心能够使人们站在别人的角度感受他人的情感并产生感情共鸣，控制着人的自私感情，使人们超出自我去关心他人和社会，从而扩展到仁慈和友爱的情感，转向利他的、有益于他人和社会的行为。休谟试图表明，利己和利他的道德情感只有联系个人和社会关系才能得到确定：能给社会带来幸福的"有用性"对人的情感具有强大的支配力量，只有从对公共利益和功利的反思中，我们才能产生道德上的善恶判断，"一个其习惯和行为都有害于社会，并对同他交往的所有人造成危险或伤害的人，就将因此而成为人们非难的对象，也会给每个旁观者带来最强烈的憎恨和厌恶之感"②。亚当·斯密在《道德情操论》中也坚持人性中的同情本性："无论人们会认为某人是怎样的自私，这个人的天赋中明显地存在着这样的一些本性，这些本性使

---

① 休谟：《人性论》，关文运译，商务印书馆1983年版，第352页。
② 休谟：《道德原理探究》，王淑芹译，中国社会科学出版社1999年版，第38—39页。

他关心别人的命运，把别人的幸福看成是自己的事情。……这种本性就是怜悯或同情，就是当我们看到或逼真地想象到他人的不幸遭遇时所产生的感情"；"最大的恶棍，极其严重地违犯社会法律的人，也不会全然丧失同情心。"① 对别人不幸遭遇所产生的怜悯之情的同情，是每个人或多或少都有的天性；而他人的遭遇和福乐也会影响我们的情绪，由此就产生了情感共鸣即同感。

卢梭崇尚理性，但他所理解的"理性"除了同伏尔泰等人一样强调人类天然的知性能力外，还特别强调宗教与道德意义上的"天赋良知"。他把社会和文明视作人之原罪的承载体，认为个体的人拥有了上帝的善，就拥有了神性。卢梭认为，欲望和理性是人性的两个基本因素，它是自然和文明在个体身上的表现。道德就是由理智和情感共同建立起来的，没有理性就不能指导欲念和情感去正确的选择行为；没有理性就不能成为一个好公民和道德人。所以，情感要以理性为基础，知善才能爱善，普遍理性是社会正义和文明的基础。但是，理性只是指导人和约束人，很少能鼓励人，而人类的自爱、忧虑、恐惧、向往等快乐和痛苦的情感则能激励人去行动，感受苦乐、幸福与不幸。在《爱弥儿》中，卢梭认为道德来自对自己和对他人的关系，根据这种"双重关系"，他把道德分为个人道德和社会道德。个人道德是关于个人自身的道德，表现为人对自己的关系，亦即私德；社会道德是关于自己对他人的关系，是社会的人与人的关系所要求的道德，亦即公德。个人道德关涉人的本性、理性、情感、欲望、意志、行为的选择和责任等问题，社会道德则关涉良心、义务、友谊、爱情、职业和处世等问题。不论是社会道德还是个人道德，最基本的问题是自爱与仁爱、利己与利他的关系。

---

① 亚当·斯密：《道德情操论》，蒋自强等译，商务印书馆1998年版，第5页。

　　法国启蒙思想家爱尔维修和霍尔巴赫从自然人性论出发，把趋乐避苦的自爱情感作为人的本性，认为人总是寻求快乐、逃避痛苦，这种经常的逃避和寻求，就是自爱，他由此提出了一个人的情感的谱系：身体的感受性—趋乐避苦情感—自爱情感—幸福的欲望—权力的欲望—妒忌、吝啬、野心及一起认为的情感。凡是使人得到快乐的，就是善的，反之，就是恶的；凡是对自己有利的行为就是道德的行为，反之就是不合乎道德的行为。推而言之，一切道德判断和道德评价都是由利益决定的。在他看来，利益不仅是对金钱的热爱，而且也指对增进快乐、减少痛苦的追求，如此，"个人利益是人类行为价值的唯一而且普遍的鉴定者"①。

　　上述关于道德的人性基础的学说，在边沁（J. Benthanm，1748—1832）那里发展成为一种功利主义（Utilitarianism）伦理学。他继承古希腊伊壁鸠鲁的快乐主义及英国经验论和法国启蒙思想家的学说，把痛苦和快乐的情感体验作为道德的标准，以人性的自爱和仁爱为原则，认为只有普遍的幸福和共同的福利才是道德的最终目的。边沁在《道德与立法原理导论》一开篇就提出了他的伦理理论的基石——"苦乐原理"，他说："自然把人类置于两个至上的主人——'苦'和'乐'——的统治之下。只有它们两个才能够指出我们应该做些什么，以及决定我们将要怎样做。"② 在他看来，如果把苦乐的因素去掉，幸福、正义、义务、责任和美德等都会失去意义。对苦乐的强调使他将行为的道德评价建立在行为的后果上，以后果是否最大限度地促进了行为所涉及的所有人的快乐的增加或痛苦的免除来判断行为正当与否，这就是所谓的功利原则，"任何行为中导向幸福的趋向性我们称之为

---

　　① 北京大学哲学系外国哲学史教研室编译：《十八世纪法国哲学》，商务印书馆1963年版，第460页。

　　② 周辅成编：《西方伦理学名著选辑》下卷，商务印书馆1987年版，第210页。

功利；而其中的背离倾向则称之为祸害"①；"功利原则指的是我们对任何一种行为予以赞成或不赞成的时候，我们是看这种行为是增多或是减少了当事者的幸福。"② 如果当事者泛指整个社会，那么幸福就是社会的幸福，如果当事者具体指某一个人，那么幸福就是那个人的幸福，而"最大多数人的最大幸福是正确与错误的衡量标准"③。

功利主义的道德学说后来受到了批评。尽管功利主义可以为常识道德提供更好的理论表述，但是功利主义的最大快乐和最大幸福在逻辑上是不可能的，因为快乐的不连续性使它不能成为人类追求的最终目标，而且功利主义无法解决幸福的最大化与幸福的正当分配的关系。因此，虽然康德肯定人的物欲与自利，他把人类天性区分为"禀赋"和"倾向"，其中禀赋包括动物性、人类的理性和人的个性。但康德坚决反对从人的自然本性中引申出快乐论和幸福论的道德体系，在他看来，人固然是有感性欲望的动物，在社会生活中有感性需要，必得追求和满足感性需要的利益，但人和动物的区别却不在于感性欲望，而在于理性。人的意志是自由的，就在于他的本质是理性的。理性应当给感性确立一个准则，以便限制和统治感性。人类之所以有道德，正是因为理性能够给自己立下行为准则，使人不至于成为感性欲望的奴隶，堕入畜群的境地。他从人的理性本质出发，承认理性存在物作为目的本身的价值，揭示了道德行为的普遍必然的法则，思辨地论证了善良意志、绝对命令、意志自由和社会公正等基本原则，建构了一个严密的道德形而上学体系。

中国传统的儒家是以"性善论"作为其道德教育的思想基

---

① 边沁：《政府片论》，沈叔平、秦力文译，商务印书馆1995年版，第115页。
② 周辅成编：《西方伦理学名著选辑》下卷，商务印书馆1987年版，第211页。
③ 边沁：《政府片论》，沈叔平、秦力文译，商务印书馆1995年版，第92页。

础。作为道德教育基础的"人性善"既不能是个争讼不休没有定论的理论哲学问题，也不能是个经验科学的理论设定，因为性之善恶不是一个可以观察到的经验性事实，因而不可能从逻辑上来论证性之善恶。作为道德教育基础的"性善论"是一种道德实践性哲学的概念，即一种"成己成人"、"开物成务"的目的性的善，它不是为了论证人是善的，而是为了指出人走向自身存在的道路。道德教育只能在目的性上把性善论作为自己的人性基础，才能在道德实践中把"善"作为道德修养的目的。

中国古代的道德教育强调统治者和教育者首先要不断加强和提高自己的道德修养，然后以自己的道德言行和道德境界去影响和教化民众的道德素养。孔孟是纯儒，他们都是性善论者。孔子说："仁者，人也。"① "性相近也，习相远也。"② "性相近"意味着人人都具有相近的本质特性。孟子公开强调性善："仁义礼智根于心"，"非由外铄我也，我固有之也。"③ 孔孟后儒诸家不单是儒家，而是兼具多重社会角色，有的可能是"法儒"，既是法家同时也是教育家；有的可能是"儒法"，既是教育家同时也是法家。如果不对孔孟后儒角色进行区分，便会误认为性善论是教育的基础，性恶论也是教育的基础。其实，历史上的性恶论不是教育的基础，而是刑法的基础；性善论才是教育的基础。当一个思想家强调刑法时，往往是性恶论者，而强调教育时，总是以人的善性为基础。"古者圣王以人之性恶，以为偏险而不正，悖乱而不治，是以为之起礼仪、制法度，以矫饰人之情性而正之，以优化人之情性而导之也。"此即荀子的法家思想："涂之人可以为禹。"④ 亦即他作为

---

① 《中庸》第二十章。
② 《论语·阳货》。
③ 《孟子·告子上》。
④ 《荀子·性恶》。

教育家背后的"性善论"思想。宋明时期的朱熹、王阳明等大教育家也把教育奠基于性善论的设定之上。由此可见，在中国教育史上，儒家主张道德教育并非因为人的"恶"，而是因为人的"善"，换言之，在儒家那里，即使没有恶，也不一定有道德。

何谓道德？道德是人们在社会生活中形成的关于善与恶、公正与偏私、诚实与虚伪等观念、情感和行为习惯以及与此相关的依靠社会舆论与内心信念来实现的、调节人们之间相互关系的行为规范之总和。道德有时也指人的善恶评价、行为品质、道德修养和理想境界等意义，由一定社会的经济基础所决定的，并为一定的社会经济基础服务。一种道德观念的产生，归根到底是由当时的社会物质生活条件、社会的一定的经济基础或生产关系所决定的。永恒不变的适用于一切时代，一切阶级的道德自然是没有的，任何道德都具有历史性，在阶级社会中，道德具有强烈的阶级性。它为一定阶级服务，反映一定阶级利益。由于各阶级物质生活条件不同，阶级地位不同，利害关系不同，人们判断是非、善恶、荣辱的标准也不同。各个不同的阶级，有着不同的和它本身物质生活条件相适应的道德。道德是"调节人与人之间关系的行为规范，以及相应的心理意识和行为活动的总和"①。

儒家认为道德教育首先是对教育者的要求，道德教育者主要包括社会统治者、教师，就是说道德教育从根本上首先是要培养统治者和教育者的德性。孔子说："道之以政，齐之以刑，民免而无耻；道之以德，齐之以礼，有耻且格。"② 如果用"政"、"刑"来对付人，是不可能真正有道德的，如果以"德"、"礼"引导人，人就会有廉耻，有人格。"道之以德，齐之以礼"就是中国古代道德教育的原则，它强调统治者首先必须正己，身正则能

---

①　《新世纪现代汉语词典》，京华出版社 2001 年版，第 252 页。

②　《论语·为政》。

率先垂范，影响民众风貌，自身不正，就不能正人，"其身正，不令而行；其身不正，虽令不从"，"不能正其身，如正人何?"① 孟子继承了孔子"道之以德"的教育思想，认为"以德服人者，中心悦而诚服也"②。教育者如果爱人、敬人，受教育者就一定爱教育者，敬教育者，仁者爱人，有礼者敬人；爱人者人恒爱之，敬人者人恒敬之。荀子认为"教育"就是教育者首先有道德，作为道德教育者要修身，培养诚的德行，也就是持守和笃行仁义，这样才能感化受教育者，即"以善先人者，谓之教"③。

　　董仲舒认为，教育不是只要求受教育者履行责任、义务，更不是扩张自己的价值与权利，而是要从尊重他人的价值与权利出发，以"仁者爱人"的情怀去爱护、关心他人，教育者要"躬自厚而薄责于外"，"治我"要严，待人要宽，否则，便不是道德教育。《四书·大学》提出统治者、道德教育者应首先修身、正心、诚意："欲明明德于天下者，先治其国；欲治其国者，先齐其家；欲齐其家者，先修其身；欲修其身者，先正其心；欲正其心者，先诚其意。"朱熹认为，教育者自己修身养性，心具仁德，受教育者将会自然归顺，"为政以德者，不是把德去为政，是自家有这德，人自归仰如众星拱北辰"④。朱熹说得非常明白，道德教育就是教育者自己首先要有道德。王阳明主张教育者自己通过致良知而实施道德教育，他强调以仁心推及他人，做到仁民爱物，就能实施道德教育。王夫之主张教育者要"正言"、"正行"、"正教"，强调教育者应该以身作则，为人师表，要以自己的模范行为去影响学生，"师弟子者以道相交而为人伦之一……故言

---

① 《论语·子路》。
② 《孟子·公孙丑上》。
③ 《荀子·富国》。
④ 《朱子语类》卷二十三。

必正言，行必正行，教必正教，相扶以正"①。只有教育者首先言正、行正、教正，才可能有受教育者的言正、行正、教正。所有这些都是要求人们在道德原则的教化下培育人们自觉的修养德性。

中国传统教育提出了"做人"的道理，"做人"的要求，"做人"的方法，并让人从"做人"中表现出人的崇高的精神境界。② 在今天现实的道德教育中，我们的道德教育之所以出了很多问题，原因之一就是许多掌握权力的社会管理者和学校的教育者只是对他人提出道德要求，而很少要求自己，出了道德问题，更多的是指责别人，而不是反思自己。

当然，中国传统的道德教育也存在着根本的缺陷。它强调统治者首先必须正己，身正则能率先垂范，影响民众风貌，自身不正，就不能正人；至于百姓民众则"仓廪实而知礼节"。如此看来，如果统治阶层和知识阶层通过自我道德教育而具有内在德性并在社会生活中表现为外在德行，那么，普通民众的道德品质则来自于圣人君子的道德教化和民风民俗的自然奠基。由于理论理性的缺失和认识论的不发达，实践理性的道德论没有理论理性的知识论典籍，使以孔子为首的儒家文化，虽然始终不渝地坚守着以道德为本的大方向，坚定不移地执著道德为先的看法，坚守道德是判断世间事物的最后标准，其道德理想的指归是通过道德改进、普遍教化和外在仪式三结合而培养出道德上自主、平等、承担责任的"君子"人格，以期促进社会中人际关系的稳定性和长期合作性。然而，在"礼崩乐坏"的时代肩负拯救道德使命的孔子学说，虽然期望通过普遍教化使每个个体能通达"克己复礼"的谦谦君子境，但实际上已把个体生命改造成社会化的整体本位，且不论能否使每个人成为君子，即使能够，每个

---

① 《四书训义》卷三十二。

② 郭齐家："中国传统教育哲学与全球伦理"，《教育研究》2000 年第 11 期。

"君子"也都被处理成一个平均值。从此后的演化来看，当每个人都被平均化之时，整个社会就嬗变为一张静态的关系网，君子理想的追求被换置为把个人编织进关系网的功利目标，"关系也是生产力"成了儒家文化的一个异化特征，个人关心的不再是个体创造能力的生成和发挥，而是劳碌于能否成为"关系"中的一分子并竭力防范他人侵入关系中以分享利益。道德王国中的君子一旦撕去其美丽的面纱后便显露出"小人"的真颜，此乃我们时常憾叹"君子国度小人何其多矣"的缘故。

承担道德理想的君子绝不会满足于道德上的自主和完善，他们肩负着积极入仕参赞天地位、君臣序、万物育的责任感，"学而优则仕"，这便是孔子对道德君子的社会定位。达者兼济天下，穷则独善其身，塑造了多少外王内圣、达官逸士的积极进取和知足常乐的形象，不知不觉间以道德之锤把人定位于伦理等级秩序中。普遍教化成为虚无缥缈的理想，道德王国一开始便设定了劳心者治人、劳力者治于人的不平等结构。

面对西方今天的文明进步，现代新儒家仍在苦寻倨傲的支点，那就是中国的道德理想似可以挽救西方的道德没落和颓势。这实在是中国现代新儒家一相情愿的自娱。真正说来，人家的道德颓势尚可在他们的宗教中获得救赎的援手，而中国人早在春秋时期，"礼崩乐坏"已滔滔天下，及至今天中国人的道德，久已是"梦幻的本质"了。

## 二　科学求真与伦理求善

纵观人类社会几千年的历史长河，人们在孜孜追求真理、认识自我的过程中，知识、道德、信仰彼此联系，相互影响。几个世纪以来，大多数哲学家寻找真理时，都会把目光投向科学，科学及其方法一直是人们认识世界真实情况的重要依据，科学及科学家曾备受推崇，"科学"一词广受赞誉。但科学求真的步伐却并不孤独，长期以来，科学求真与伦理求善并肩而行。

在古希腊亚里士多德的科学结构中，包括"伦理学"、"经济学"、"政治学"在内的实践科学（praktike）是探求作为行为标准的科学。在近代以来的演变中，经济学和政治学等虽然仍然具有实践科学的探究行为标准的理论诉求，但它们已经从哲学整体中分化出来而属于社会科学知识的范畴。现代政治学和经济学知识具有明显的以经验观察为特征、以管理社会政治活动或配置资源以有效进行经济活动为目的的实证科学的性质和工具性实用特性，并表现出与伦理学、美学等哲学人文学科越来越疏远化的倾向。①

---

①　值得注意的是，政治学、经济学以及法学、管理学等社会科学从哲学中分化出来后，越来越远离自己的哲学母体，专注于社会的合理安排而不再倾情于究问人生的价值和意义。就哲学与社会科学的关系而言，美国学者威尔·杜兰在《西方哲学史话》中有精彩的描述：科学似乎总是在进占，哲学似乎总是在却步。但这无非是为了哲学担负起那艰苦冒险的工作，从事还不曾开放给科学方法的种种问题——如善与恶、美与丑、生与死、秩序与自由；凡探索的领域一经产生可用定式精确表述出来的知识，便称作科学了。每项科学始于哲学而归于艺术；源出于假设，流而为功业。哲学乃是对未知者及未确知者假设的说明，是围攻真理的第一道战壕；科学为已经攻克的土地；再后面就是安全的区域了，知识和艺术便在那里建筑起我们这个未完美但已惊人的世界。科学是分析的叙述，哲学是综合的说明；科学要剖析"整体"为分明可见的各部分，满足于揭明事物现实的状态和作用，目光专限于当卜所见的性质和程序，却不考究万物的价值和理想，也不探究它们通体的究竟的含义；哲学却要考核每项事实与一般经验的关系，借此得到该项事实的意义和价值，哲学家要把科学家因好奇而分析开来的宇宙大钟再组合得比以前还要好。观察程序而构造手段者为科学，批判而调协目的者为哲学。当今手段和工具层出不穷，超出我们的理想和目的之说明和综合，所以我们的生活中全是喧嚣、混乱和狂迷，全无意义。只有科学而无哲学，只有事实而无通盘的观测和估价，总不能拯救我们脱出破坏和绝望。科学给我们知识，唯哲学才能给我们智慧。也许，哲学好像伫立不动，烦虑着。那是因为她已把胜利之果散给了她的女儿——诸科学了，而她自己还往前去，神圣的不知足，走向那莫测的未发现的地方。（参见威尔·杜兰：《西方哲学史话》导论，杨荫鸿、杨荫渭译，书目文献出版社1989年版。）

就现今中国的教育状况而言，受社会的合理安排和追求经济利益最大化的实用性目的的支配，自然科学以及政治学、经济学、法学、管理学等社会科学成为显学和主流知识话语，而文、史、哲及伦理学、美学等人文精神学科则越来越受到挤压和排斥而被放逐到人类精神生活的边缘状态。康德毕其一生在著名的三大《批判》中建构了一个真、善、美统一的知识体系，认为追求真理的人既需要伦理德性的奠基也需要有对美好生活的审美愿望，而我们时代的教育安排则在时代的实用性需求的支配下，课程设置中占绝大部分的是教授自然科学和社会科学的知识，哲学意义上的真理降解为经验科学知识（包括自然科学、社会科学和心理科学）的真理，伦理德性的培养被思想政治教育所取代，审美的鉴赏力消失于演唱和绘画的表演技巧中。这样的教育理念及其指导下的课程设置固然可以培养掌握科学真理的职业劳动者，但却是以失落善良德性和审美情趣为代价的。

由于对理性的理解不同，造成了中西哲学的根本差别。中国哲学的起点是实践理性的意识能动性的自觉，世俗化、理性化社会生活的实践视野规定了中国哲学的方向。中国哲学缺少希腊哲学的纯粹理论态度的思想维度，其根源可能在于中国哲学的奠基者们没有生活在城邦民主制度下的希腊先哲们的自由、从容和闲暇。礼崩乐坏、战乱频繁的社会现实不容许哲学家们做纯粹理论态度的思考，为学术而学术的自由思想也许会被视为精神的轻浮和奢侈，修身、齐家、治国、平天下的道德实践和政治实践成为一种难以追寻的美梦。而在中国传统儒家哲学中，所谓"天命之为性"，"性即理"，肯定了人的自然禀赋中就有实现社会道德生活的内在根据。实践理性的良知、良能是一切社会规范的自然人性基础。社会关系、社会存在和社会制度乃至社会规律都是实践理性实现自身，在逻辑上和事实上实践理性的能动性都是先在的。

在西方哲学看来，人是理性的存在物，人的理性可以划分为理论理性和实践理性。理论理性的目标是获得关于经验现象的知识，我们通过感性接受外界事物的刺激，获得关于对象的感觉材料，这些感觉材料通过知性而被建构为经验现象界的实证知识。

知识的品质是真理性。知识的进步对于社会发展和人的解放具有极为重要的意义，每个时代的教育都必须培养具有科学认识能力和创造能力的人，不断认识和发现自然、社会现象的本质与规律。获得知识可以使人拥有真理，科学认识的目的是发现对象的本质与规律，以便获得真理性的知识。一切科学知识的教育都是为了提高公民的智力能力并培养公民的热爱真理的品质，就是通常所说的智育。智育教育不仅要养成公民坚持真理献身科学研究的品质，更要运用科学知识去进一步认识世界和改造社会，促进社会的发展和人类的发展，最终实现人自身的解放。

但是，科学知识提供给人的自由（自我解放）是有限的，掌握知识或拥有真理并没有使我们在人与自然的关系、人与人的关系和人与自我的关系中获得自由，知识对人会形成新的蒙蔽，真理有可能演化为新的专制。因此，辩证的或超越的理性要求我们了解到实证知识的局限性，必然去追求超出经验之外的存在，但这不是理论理性所能胜任的，因此我们必须迈向实践理性，只有依赖于实践理性，我们才能通向经验之外的存在领域，实现人之为人的价值。康德通过对理论理性的批判考察表明，科学知识总是实证性的，尽管在经验领域、在现象界之内知识可以无限发展、无限进步，但是这种无限不能达到"理性的理念"所提出的无限性的要求，因为只要超出经验界、超出现象界，理论理性就无力企及了。然而，对于理性理念的追求是人之为人的本质要求，是人对自身价值和意义的肯定，这不是实证知识所能解决的，必须从理论理性上升到实践理性，正是实践理性才实现从知识到价值的转化、从知识主体到价值主体的转化。这种转化的重大意义就在于人的主体性的确立，人的主体性不仅仅表现在人对自然的认识，更表现在人对自身的规范。

康德对理论理性和实践理性的划界，在揭示知识的有限性的同时也关涉了知识论与价值论、真与善的关系问题。简单说来，理论理性着重于"是如何"的追问并认识对象的"本来面目"，实践理性则着重于"应如何"的思考，致力于实现人的理想的状态；理论理性要解释对象是怎样和为什么这样的，实践理性则以合目的性来解答人们为了满足自身的需要、实现自身的目的应当作什么和怎样做；理论理性试图发现事物的必然并获得认知性真理，实践理性则不仅有"真"的要求，而且还有对"善"的追求和对"美"的向往。因此，知识与价值、真理与善美的统一，才是人的本质规定。如果我们时代的教育理念及其教学活动只教会学生掌握真理性知识，把人的理性能力的培养仅仅局限在发现科学真理的维度上，那我们的教育理念就是褊狭的，我们在获得认识世界的必然规律的同时，就会失落了对善的追求和对美的向往。

总括而言，理论理性（科学认识论）与实践理性（道德价值论）的区别表现在：

（1）科学认识论与道德价值论反映的关系不同，科学反映的是人和自然事物之间的关系，认识的对象是自然物的本质及其规律，其作用是判断真伪，而不以个人好恶为转移；道德反映的是有情感、有意识的人们之间的关系，是一种涉及人的意志和情感的、有意识的活动，只有出于行为主体的意识和目的的行为才具有道德性，那些出于无知或被迫的行为是不能进行道德评价的。

（2）科学认识论回答的"是—不是"的问题，属于获得知识的事实判断，它的出发点是客体，它以对象本身的性质和状况为标准，其论断只描述客体，即对对象进行真或假的判断；道德价值论解决"该—不该"的问题，属于指导人们行为的价值判断，它不陈述事实，而是依据主体自身存在的状况确立人生态度和道德理想。既然道德判断的善恶不是事物本身的性质，而是判断主体通过情感表达赋予对象的，因而道德命题的联系词不是"是"或"不是"，而是"该"或"不该"。

（3）科学认识主要是依赖理性去认识客观事物的属性及其规律，它要认识对象是什么或不是什么，即事实判断主要是依据理性来进行的；道德判断不仅要以对象本身为基础，还要遵从主体自身的需要、愿望和利益，善和恶的判断都依赖于人的利益和需要，因此，道德判断属于实践理性范畴，道德上的善恶还诉诸人们的情感。

在西方思想史上，最早思考知识与道德问题的是苏格拉底。苏格拉底的思想来源是智者学派。在苏格拉底之前，希腊哲学偏重于对自然万物本原的探究，它在人的理性认识中发现自然万物都遵循某种必然性，即事物现象之后的本体。此本体被赫拉克利特规定为逻各斯（logs）。不过在赫拉克利特那儿，逻各斯不再简单的是万物的本体和必然性，更表明此本体及必然性在语言和思想中显现。所以逻各斯的首要含义是语言和思想，其次是在语言陈述中，通过思想认识和显现的万物的本体及规律性。赫拉克利特之后的巴门尼德进一步认为，作为逻各斯而显现出来的"存在"（Being）作为本体才是真实的，而处于时间变化中的现象（个别事物），反倒成为不真实的。恩培多克勒、阿那克萨哥拉在巴门尼德之后开始了一场拯救现象的运动，认为作为现象存在的个别事物才是真实的。但是，以何种尺度和标准来判断本体和现象哪一个更真实？智者学派高尔吉亚提出著名的三命题：一、无物存在；二、即使存在也无法认识；三、即使认识也无法告诉别人。这三个命题分别否定了存在、认识和语言交流的可能性。这在西方思想史上被视为怀疑主义的开端（就其本质而言，怀疑主义是对人类认识的局限性、有限性及认识内在矛盾的反思，是对已有的认识结果及框架的突破，西方哲学总是从怀疑走向否定性批判，并进而超越已有认识的结论，提出和形成新的思想理论体系。就此而言，怀疑主义的具体结论并不重要，它作为一种认识态度和方法，对一个民族思想的自我批判、否定和超越具有重要意义。一个没有怀疑精神的民族，没有能力检省自己思想的局限性，无力在自我批判及否定中，形成新的思想理论体系）。①

普罗太戈拉提出应以人为尺度来确定本体与现象何者更真实。他的命题是："人是万物的尺度，既是存在者存在的尺度，也是不存在者不存在的尺度。"② 巴门尼德认为，存在是真理的对象，人只能沿着"真理的道路"接近存在。普罗太戈拉则认为，"存在"不过是人发明和使用的一个语言概念，并用"存在"概念衡量一切语言现象，把人们认为"所是"的东西称为"存在"，把"所不是"的东西称为"不存在"。如果没有人及其语言，也就不会有对事物"是"或"不是"的判断。如此，"存在"并非是不依赖人的绝对本体，它只不过是人用来衡量万物（现象）的一种语言工具。巴门尼德的存在本体论中"存在"与"不存在"的区分，在普罗太戈拉那里就变成了具有语言属性的人的一种判断："我们每一个人都是存在或不存在的尺度。世界中的一切对于一个人来说不同于另一个人，正因为对一个人来说存在着并向他显现的东西不同于对另一个来说存在着并向他显现的东西。"③

普罗太戈拉的命题标志着希腊思想由认识自然万物向认识社会人生的转变，标志着人在周围世界中的中心地位的确定和凸现

①　北京大学外国哲学史教研室编译：《西方哲学原著选读》上卷，商务印书馆1988年版，第54页。

②　柏拉图：《泰阿泰德篇》，152a。也可译作：人是万物的尺度，既是所是的东西存在的尺度，又是所不是的东西不存在的尺度。

③　柏拉图：《普罗太戈拉篇》，152a。

（所以这一命题被视为欧洲人类中心主义观念的开端）。"人是万物的尺度"，被一些学者解释为以人类的感觉作为万物的尺度。这样，"人是万物存在的尺度"就被理解为"事物就是对我显现的那个样子"。这里隐含着两种思想倾向：一是个人的感觉是互不相同的，所以对某物的感觉需要人互相间的约定（nomas），它标志着人的世界的诞生，自然世界受逻各斯支配，这是一个必然性世界。人在自然的必然性面前显得软弱无力，它收缩、包围、压抑着人，所以 nomas 是对逻各斯的抗衡。如果说逻各斯是规定个人的一种必然性命运，那 nomas 就是人对这一命运的抗争。二是以人的感觉为万物尺度，由于个人感觉各不相同，故 nomas 作为不同感觉主体间的约定又使这一命题具有感觉主义倾向。人是万物的尺度，就成了存在及知识都以人的感觉为标准；把知识归结为人的感觉，把感觉等同于个人的感觉；每个人的感觉各不相同，没有同一的尺度和标准，那么，根据各自的感觉就不能对事物的存在和性质作出共同的判断。每一感觉都是相对的，所以感觉主义又会发展成为相对主义，相对主义的极致是虚无主义。

如此，"人是万物的尺度"命题就必然导致了相对主义和怀疑主义的结论。这种相对主义具有二重性质：在认识论上，感觉论的相对主义消解着巴门尼德"真理"的确定性；在伦理学上，人是万物的尺度表现为以"习惯"形成的公共利益（善）为标准的相对主义。质言之，这个命题使知识论的"真"和伦理学的"善"都具有了相对主义的性质。

普罗太戈拉的命题使希腊思想由相对主义走向虚无主义，苏格拉底的使命就是要在希腊思想从认识自然万物到认识社会人生的转向中，在包含着相对主义及虚无主义倾向的 nomas 中寻求和发现真理的确定性。他每天和人们讨论着诸如正义、美德和道德的问题。在他看来，每个人从个人立场给出的关于正义、道德和善的定义都是相对的，是正义、道德和善的本质的显现，因而只是意见。至于正义、道德和善本身是什么？在他看来，由于人的力量及其个体的有限性，人是无法认识和掌握这些本质的真理性知识的，它只能归属于神。这就是他的命题"自知自己无知"。但是传统的道德是自然的习俗和习惯，自普罗太戈拉之后，道德不再是自然习俗和习惯，而成了人们的一种约定。在主观约定中，即在 nomas 中为希腊人的社会人事生活寻求一种道德的普遍性和确定性，这成为苏格拉底自觉担当的使命。苏格拉底要在知识中寻求道德产生的确定性及绝对性，由此 logs 也就转变为 logic。Logic 就是人们在知识中形成和论证真理的确定性的一套语义规则和思想语法。由此苏格拉底既颠覆了由传统习俗和习惯而来的自然道德及其伦理的合理性；另一方面，这又要求在约定论基础上通过具有理性必然性的支持来论证新的道德的合理性。换言之，他要求把道德建立在知识的基础上，而不是风俗习惯上。

这使苏格拉底成为西方理性主义伦理学的奠基者和创始人。苏格拉底要求把道德奠定在知识的基础上，即所有的道德原则、道德命令都要经过理性主义知识论证。西方知识论和认识论的根本特征及方法论的原则是反思，运用到伦理道德层面就是反省，这是苏格拉底的另一个命题："未经反省的生活不值得过。"

苏格拉底把古希腊德尔斐神庙三角楣上的一句最为著名的铭文"认识你自己"当作自己思想的出发点，并探求人类最一般的、最普遍的原则。苏格拉底对智者学派的道德相对主义或怀疑主义进行全面改造，其知识论和伦理学兴趣共同构成一种统一的哲学实践。苏格拉底认为，一切知识的基础不是感觉而是理性的和概念的。概念是撇开事物的具体特性而形成的，是普遍的和不变的，所以知识也是普遍的、绝对的、永恒不变的。他认为自己还没有达到那种知识，因而说"自己无知"；那些变化的、没有永恒价值的知识不能称之为知识。"自知自己无知"命题的意义在于：人的认识不应停留在个别、具体，而应提高到一般。

苏格拉底的"认识自己"实际上是要求深入人类处境，而今天的科学自豪地把关于人的研究和思考叫做"人文科学"，它把人看作自然生命，并使用自然科学方法研究这个对象，以便获得关于人的百科全书式的知识，或各种增进能力的技术，永远都存在着使我们改变方向的危险。

苏格拉底的"知识即美德"命题试图为希腊人及西方人的道德生活寻求和奠定一个确定的知识论基础。苏格拉底把道德和知识统一起来，要求人们"认识自己"、"真正的我"，即心灵或理智。只有灵魂或理智才能使人明辨是非，明辨什么是"善"和"恶"，才能做一个有道德的人。为此，他提出了"德性就是知识"，这个基本命题它有三方面的含义：

（1）正义和其他德性都是智能。"德性"（arete，英文 Virtue）的本义是指"美德"、"德性"、"资质"、"能耐"等特殊的作用或功能。苏格拉底赋予该词以更多的道德含义，表示人或物所具有的优秀品质，在人身上体现为节制、正义、虔诚、勇敢，它们作为心灵的内在原则，就是过好生活的艺术。这四种德性的逻辑整体就是"善"。

（2）德性就是知识，无知即罪恶。德性就是知识，反过来说，知识就是德性。普罗太戈拉认为，知识是相对的，但善或道德则似乎是共同的；苏格拉底则认为，如果知识是相对的，因人而异，怎么会有对"善"的共同认识呢？只有在承认知识的确定性和绝对性的前提下，才会有在理性指导下建立起"好的"、"有益的"即善的判断和行为。因此，在他看来，有了知识，便有了德性；没有知识，便没有德性。真理或知识就在于灵魂（理性）对德性的回忆与觉醒，即真正的知识就是理性的自我认识，自我觉悟。理性意识到自己是独立自主的存在，因而可以独立自主地行动（实践）。对德性或实践理性的知识就是意识到自己是自己的主人，而成为自己的主人就是智慧，就是善。所以，德性是可教的，德行是自觉的。亚里士多德总结苏格拉底的观点："如果人们不相信一件事是最好的，他们就不会去做这件事；如果他们这样做了，那就是出于无知。"① 无知就是恶。把道德建立在知识的基础上，使道德成为科学的对象，从而奠定了理性主义伦理学的基础，对后世康德的伦理学产生了重大影响。

（3）无人有意作恶。由于对理性的普遍知识原则的确认，没有人从认识上就自愿去作恶。那些看起来似乎在期望邪恶的人，实际上必定"不知道"他所期望的就是邪恶；那些公然谴责正义的人，如果不是在说谎，就是根本"不知道"正义的含义。所以苏格拉底认为哲学的目的就是通过"教育"来使人获得德性知识，摆脱和克服感性世界，从而成为自己的主人，不再受感性世界的蒙蔽和影响。德性知识成为一切行动的根据，人们就必定不作恶，即"无人自愿作恶"。

在苏格拉底看来，德性知识是可求可教的，但这里的"知识"是一种存在性知识，所以获取和传授这种知识就不能像获取和传授对象性知识，必须有自己的方法，这种方法就是苏格拉底的"辩证法"。在苏格拉底那里，必须借助于方法才能到达真理，也就是要借助纯粹思想的概念运动去获得。从根本上说，就是从认识的角度去认识真理。因此真理就是一种知识，求真就是求知。这样，苏格拉底不仅向我们展示了希腊哲学中"求真求知"的基本精神，而且对这一精神的强化发挥了重要作用。从德性即知识出发，苏格拉底在雅典的十字街头劝说和呼吁人们"对灵魂操心"，即一切教育活动都要使教育者遵照理性的原则生活，要帮助人们努力追求正确行为的可能性以及道德原则的必

---

① 亚里士多德：《尼各马可伦理学》，王旭凤、陈晓旭译，中国社会科学出版社 2007 年版，1145b25。

然性根据。只有知识和道德相统一，才能真正做到知行合一，才能过幸福的生活，"真正重要的是，不仅仅只是活着，而且要活得好。"① 教育的任务就是要帮助人们追求关于善的本质知识，过一种幸福的生活。在希腊语中，"幸福"（eudaimonia）与"善行"（euprattein）是密切相关的同义语，意为人的幸福离不开人的行为之"善"。在苏格拉底看来，人之所以希望拥有"善"，那是为了"幸福"的缘故。由于幸福与行善关系密切，人要行善就需要知道"善的知识"，如果不知道怎样的行为是善，那如何"从善"就不得而知了。而只有"自知自己无知"的人才会不断自觉地追求关于"善"的真正意义的知识，才有可能踏上通往"幸福"的道路。

但这一知识毕竟是人的知识，有人的限度和局限。当然，苏格拉底过分强调了普遍的理性知识这一道德充分条件，而忽略了道德非理性（如激情、性格）部分。后来基督教继承了希伯来民族的犹太教的思想经验，使道德奠定在上帝的绝对权威的基础上，其动机在于为人类道德寻找一个更加可靠的基础。黑格尔评论道：善（共相）作为最高原则，不应当只是知识和思想，还应当同时作为现实的东西出现，即共相（善）是主观（知识、思想）和客观（现实性）的统一；苏格拉底把善当作普遍的东西，但由于主观和客观的对立，"善"只和主观性相结合，因而还是特殊的；要使知识成为善和美德，需要知识与人、性、心（欲望、习惯）合而为一，后者是知识现实化的存在环节。苏格拉底还缺少这一环节。② 这表明，道德教育不仅要使知识成为道

① 柏拉图：《克里托篇》，48B。这里之所以说"好"就是"美好"、"正当"，与"善"是相同的。
② 参见黑格尔：《哲学史讲演录》第二卷，贺麟、王太庆译，商务印书馆 1960 年版，第 66 页。

德，还需要把道德和人的意志结合起来，培养人的坚强的意志品质和良好的情感素质。

但苏格拉底把道德建立在知识的基础上的要求却是相当深刻的，苏格拉底开创了西方以人类智慧和理性为道德基础的理性主义传统的理论先河。把道德建立在知识的基础之上，即把伦理学建立在认识论的基础之上，这和中国的道德教育有重大区别。西方的道德判断和道德行为根源于人的知识或理性，因而道德是可教的；中国的道德判断和道德行为则取决于人心的先天意愿和善良品质，但却没有一种先于伦理道德的知识论来从理智层面上规定和看护人性。因而，就形成一种循环悖论：道德根源于心、性；而心、性则通过道德来规定和看护；甚至可以不问道德行为的结果。质言之，西方人是从"是—不是"（事实判断）走向"该—不该"（价值判断）的，中国的道德教育则直接进入"该—不该"维度，没有"是—不是"的知识论奠基。

真和善在柏拉图那里归于一统。在柏拉图的真理观中，柏拉图指出哲学就是"爱智"，就是追求智慧。在柏拉图看来，人所追求的智慧并不是建立在感性经验之上的可见事物的知识，而是只有思想才可领会的、不可见事物的知识。这种知识是绝对的、永恒的、纯粹的，它们构成了理念世界。爱智就是力求到达理念世界，掌握那绝对的真理。届时，人将实现与真理的同在。因此人可能有两种生活：生活在没有"阳光"的感性世界里（洞穴）；抑或生活在"光明"的超感性世界里（洞外）。这洞穴在柏拉图看来，是不真实的世界，它只是对真实世界的模仿，是真实世界的"影子"。教育的目的，就在于使人从这种虚假的感性世界转向超感性的真实世界。人们追求超感性的真实世界就是为真理而生活，并且人人有能力实现这种生活。通过教育和引导，人们使自己灵魂得以提升，摆脱感性的束缚，去认识理念，把握真理。把握理念的能力是人先天固有的，只不过后来遗忘了，只要恢复了，就能过上幸福的生活。如上所述，我们不难看出，柏拉图的真理问题不仅涉及"伦理学"，而且关系到"宇宙论"。因此，"真理不仅是理性的自我意识或灵魂的独立自主，同时，也是对标准世界或自在世界的认识（直观）"。[①] 对柏拉图而言，伦理和科学最后终将结合在一起，善与知识合二为一。可惜柏拉图太过乐观，在现实中，一些博学之人有时会利用知识作恶，替坏事开脱。事实上，一个人无论懂得多少，都解决不了这个问题，这是理性与意志的一般问题，理性可以控制引领意识与情感，但选择目的的毕竟还是意志。柏拉图的真理是具有超验性的，只要生命不死，人们就不能掌握它，只有待肉体死亡后，不朽的灵魂才能"看到"理念。因此，理念对柏拉图而言，与其说是追求的真理，不如说是信仰的对象。

苏格拉底和柏拉图追求真理之路无疑对亚里士多德产生了较大影响，但显然亚里士多德并未完全继承师之衣钵，他在此基础上又进行了改进和超越，这句"吾爱吾师，吾尤爱真理"便是上述认识的明证。

在苏格拉底和柏拉图看来，人们只有掌握了"辩证法"，才能摆脱感性提升理性，获得超越的真知识。亚里士多德则认为超越性的保证是逻辑学。逻辑学不仅作为方法，而且成为构成一切真理的基础前提。有人指出这种以方法为前提的既求真又求善的道路，是以自由的缺失为代价的，因为它要认识必然，就必须克服一切，消灭一切他者或将其融于其中，而人的存在又不可能做到以自我为中心，人因其有限性不能真止获得这种没有他者的自由。而这种没有自由的真理只是一种与人的幸福相关的伦理学知识。

---

① 黄裕生：《真理与自由：康德哲学的存在论阐释》，江苏人民出版社2001年版，第20页。

进入近代，欧洲出现了经验论和唯理论两大派别，他们争论的焦点主要集中在知识的来源和确定性等问题上。从表面来看，两派的观点存在着明显的对立，然而，他们在知识以及知识与道德的关系等问题上的共识要远远大于分歧。他们都是科学知识观的倡导者，他们所说的知识都主要是指自然科学知识。培根提出的"知识就是力量"的口号，其实质就是讲科技知识（或者说科技理性）就是力量，强调的是科技知识对人类进步的重要作用。

18世纪法国的启蒙思想家对人类理性的力量怀有"完全的信心"。在他们看来，理性进步不仅会带来科技的进步，而且还会带来道德和精神的进步。孔多塞认为，只要把自然科学的方法"应用到道德学、政治学和公共经济学上来"，这些科学就可以"走上一条几乎和各种自然科学是同样之确凿的大道"。①

19世纪德国古典哲学家康德看到科技知识与道德之间存在着差异，但反对用科技知识排斥道德。他希望两者各自坚守自己的领域，不要相互僭越。他在《纯粹理性批判》的第二版序言中说："我们不得不限制知识，以便为信仰留下地盘。"他这里所说的知识其实就是指科学知识，而他所说的信仰，实际上就是一种道德境界。他说："有两样东西，人们越是经常持久地对之凝神思索，它们就越是使内心充满常新而日增的惊奇和敬畏：我头上的星空和我心中的道德律！"② 在康德看来，科学知识和道德是两种不同的、但又都十分伟大的事物，而且他一直在竭力寻找着两者的协调与平衡，但他最终并没有很好地解决这个问题。

---

① ［法］孔多塞：《人类精神进步史表纲要》，何兆武、何冰译，三联书店1998年版，第137页。

② ［德］康德：《实践理性批判》，邓晓芒译，人民出版社2003年版，第220页。

20世纪盛行于欧洲大陆的实证主义，看重科学的繁荣与物质的丰富，摒弃了一切超验的价值与理想观念，当然也就把有关人的道德问题排除在知识世界之外。在科技理性主义进步观的影响下，当代社会的科技知识获得了前所未有的发展。然而，道德的发展却并没有与之同步，出现了道德发展相对滞后的现象。

通过以上对知识与道德关系的历史考察，我们发现古代思想家重视道德知识与道德教育，认为知识与道德之间存在着不可分割的内在联系，这是非常有价值的。然而，他们过多地强调了道德知识的作用，将"德性之知"作为知识体系的核心，甚至试图用道德知识取代其他知识，导致了片面性的产生。近现代以来，随着科学技术的飞速发展，科技知识的社会作用日益凸显，人们从对道德的崇尚转变为对科学技术的崇尚与追求，进而发展到将科技知识推及整个知识体系，而将道德知识排除在知识体系之外。这样，道德逐渐失去了其应有的地位，不可避免地导致了另一种片面性的产生。其中文艺复兴、18世纪法国哲学和19世纪的尼采、马克思所展开的三次讨神运动，使神隐身而去，欧洲人的道德失去上帝权威的可靠基础和担保。这一切成为20世纪以来欧洲人的道德具有相对主义、虚无主义倾向的重要影响因素。这也是麦金太尔、马克思·舍勒等人竭力在为西方人的道德生活寻求出路的原因。

## 三　德性是道德教化的基础

一般说来，道德在人的生活中有两种存在状态：一是表现为道德主体的品质，即"德性"；一是表现为道德主体的行为，即"德行"或"道德生活"。德性是道德教育的基础，而道德行为或道德生活则是人的德性的外在表现。

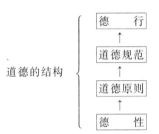

德性是"有教养"的内在基础，道德教育的根本目的是培养人的德性（morality）。德性在古希腊的最初含义是指武士等所具有的如勇敢等高贵行为，后来用来指公民在城邦生活中表现出来的美德和品质等优点，亚里士多德赋予了德性概念的严格含义，即人在实现他特有的活动时所表现出来的优点。各种德性（morality）要成为真正的德性即美德（virtue），就必须秉有人的灵魂中的最优秀和最高级的部分——理性，否则就谈不上是真正的优秀，也谈不上美德。道德教育的根本目的，就是要培养良好的德性使人的灵魂处于一种"好"的、优秀的状态，也就是理性灵魂与非理性灵魂的融合和化通，而这是需要经过长期的教化才能达到的。

西方思想家历来都十分重视德性教育。在西方历史中，西方德性伦理思想的传统形成于古希腊中期，苏格拉底、柏拉图、亚里士多德都是这一传统的集大成者。早在古希腊的神话和史诗中，古希腊人就已经开始使用善、恶等概念，并且显露出古希腊德性伦理精神的灵光，其中智慧、勇敢、荣誉、激情、忠诚、公正、幸福、平等、正义、民主等在荷马史诗中随处可见。但在苏格拉底以前，古希腊的伦理精神还没有形成理论。公元前6世纪，毕达哥拉斯在《金言》中就指出："德性乃是一种和谐。"到苏格拉底，他提出了"德性即知识"的观点，指出知识是德性的必要条件且充分条件。柏拉图认为，纯粹以理性为本质的灵魂经常受激情和欲望所左右，因此灵魂被分为理智、激情和欲望三个部分。欲望是一种对生殖、营养、占有的冲动，激情是名誉和权力的冲动，理智是追求智慧、观照真理的能力。人的德性来自于灵魂的作用，灵魂的理智部分的德性是"智慧"，激情部分的德性是"勇敢"，欲望部分的德性是"节制"，智慧、勇敢、节制的统一就是"正义"的德性。公民教育的目的就是要使人们的理智不断追求智慧和认识真理，支配自己的激情和欲望，做一个使正义的德性得到充分发挥的人。

如果说苏格拉底的道德教育侧重于强调把德性的培养建立在理性知识的基础上，那么，亚里士多德则进一步要求道德教育要通过理性培养和引导非理性的激情和欲望。苏格拉底的"美德即知识"的命题把德性与知识等同，认为美德离不开理性知识是合理的，德性只存在于理性灵魂中，非理性灵魂中根本就不存在德性。这表明他不认识伦理德性。柏拉图正确的区分了伦理德性和理智德性，但是他却错误地把德性与善相混同，实际上，善是合乎德性的灵魂的现实活动，而德性则纯粹是一种品质。

亚里士多德关于"德性"概念的结构对于我们今天进行道德教育具有十分重要的意义。亚里士多德认为人的灵魂由理性和欲望两部分组成，相应地德性也可以分为"理智德性"和"伦理德性"，道德教育就是要以理性知识为奠基来培养人的理智德性和伦理德性。

$$
德性\begin{cases} 理智德性\begin{cases} 理论理性的德性：智慧 \\ 实践理性的德性：明智 \end{cases} \\ 伦理德性——温良、谦恭、慷慨 \end{cases}
$$

从德性的概念结构来看，伦理德性是人在欲望活动上的德性，即通过教化使人的非理性灵魂接受理性的指导、约束而与理性相融合而成的心灵状态。伦理德性不是天生的，是在人伦关系中形成的，它或者是通过教导、培养起来的，或是在风俗礼仪的熏陶下，人们通过重复练习并成为习惯而形成的。亚里士多德认为习俗规定着人的发展方向，它是人际交往规则、行为的共同形式和价值态度的总和，它对人们有着强大的归融作用。对于生活于其中的人来说，习俗其实是伦理德行达成的必备社会背景。一个民族的习惯是人们经过长期的共同生活后形成的，它由许多人践行并予以维持，因而具有较强的普遍性。这种具有普遍性的习俗在发展中逐渐演化成人们在交往中共同遵守的规范和惯例。"伦理德性则是由风俗习惯沿袭而来，因此把'习惯'（ethos）一词的拼写方法略加改动，就有了'伦理'（ethike）这个名词。"① 因此从这个意义而言，伦理德性也是一种理性，一种"演进理性"。我们该怎样去确认这种德性？伦理的德性关系到情感和行为，存在过度、不及和中间等变化。人的心灵将在习俗的熏陶下受到教化，任意性的情感和意志以及失控的欲望等个别性气质将被排除，这样，他的情感以及由此产生的行为就既不会过度，也不会不及，而是可以达到某个中和点，即在行为、情感感受上做到正当、得当、合宜，这就是所谓的"中道"。亚里士多德就用"中道"（或"适度"、"中间"）的概念来区分好的德性和其他不好的品性，"中道"是好的品性，"过度"和"不及"两个极端则是不好的品性。由此，所谓伦理德性就是在社会生活环境中，受到社会共同体的行为方式、价值态度的熏陶，而形成的对人情事理的敏感的、合适的反应品质。伦理德性既不出于自然，也不反乎自然，它是通过努力教化而获得的，即利用自然赋予我们接受德性的潜能，通过后天的实践和习惯而得以形成。在伦理德性形成中，人的情感感受因分有理性而受到了塑造，从个别情

---

① 《亚里士多德全集》第 8 卷，苗力田译，中国人民大学出版社 1991 年版，第 29 页。

欲状态提升到了普遍性情理状态，从而不再走极端。因此此德性是按照某些特殊方式行事的气质，恰如后来康德所言，行善并非与偏好相对，它是出自于德性的培养而形成的偏好的行为。伦理德性作为人自我塑造、受到教化的结果，就是要使人的情感感受、欲望倾向在正确理性的指导，培育人与人之间在沟通、交往中的规则意识，并启发对人的善意、尊重之情。伦理德性不是指某种知识，而是指生成优良的品质，以保证我们能够行为正当。在此意义上，亚里士多德说："我们探讨德性是什么，不是为了知，而是为了成为善良的人。"① 要成为善良的人，做到"中道"，单靠自然赋予我们的接受德性的潜能是远远不够的，还必须通过实践和习惯使这种能力得以成熟。因此我们必须进行有关的德性实践活动，即通过德行来获得德性。我们是在做事中做人，只有经常做勇敢、节制、公正的事，才能成为勇敢、节制、公正的人。

亚里士多德认为理智德性是人在理性活动上的德性，它可以区分为理论理性的德性和实践理性的德性。理论理性是指人们能够掌握普遍而抽象的几何知识和数学知识，并能自己进行推演和运算的理性能力，"智慧"是理论理性的德性，它是人的灵魂中的理性部分的优秀、杰出的品质；实践理性是理性可以在日常行为和生活中对欲望和情感起到指导作用并进行肯定和否定（即进行判断）的理性能力，"明智"是实践理性的德性，它一方面作为理智德性是由教导而生成的，另一方面又与伦理德性不可分离，它的生成离不开习惯，不做好人就不可能明智。所谓理智德性，就是指理性的这两部分的优秀功能得到充分发挥的状态和品质。

---

① 《亚里士多德全集》第8卷，苗力田译，中国人民大学出版社1991年版，第36页。

理性又可分为两部分：一部分是考察那具有不变本原的存在物，另一部分考察具有可变本原的存在物；一部分为确知的，一部分为推断的。因此亚里士多德指出在人的灵魂中，通过肯定和否定而取得真理的方式有五种：即"技艺、科学、明智、智慧、努斯"。① 科学认识的东西是不可改变的、永恒的，即科学的对象既不生也不亡。科学知识可以传授，凡是能被科学认识的东西都是可学习的。要形成科学知识，就要经过归纳和演绎，于是，科学有可证明的品质，原因在于它是合乎逻辑的。技艺是一种以真正理性而创制的品质。一切技艺都和生成有关，而创造就是去思辨某种可能生成的东西怎样生成，它可能存在，也可能不存在。有技艺，就意味着自己的心灵能力得到了很好的塑造，能够做成一件自己想做的事情，即能实现自己的意图。所以，有技艺对人来说，是一种幸运。技艺依恋着幸运，幸运依恋着技艺。同时亚里士多德还指出虽然技艺和实践都是关乎可能改变的事物的，但是它们包括的理性品质却不尽相同。技艺的目的在技艺的过程之外，而实践则是人生意义和价值的始点和终点。但这并不是说在技艺活动之外还有一种德性实践，而是指只有当一个行为具备德性形成其自身的目的性时，它才是为了德性的实践而为的技艺。

明智是典型的关于时间的理智德性。一个人在技艺上的擅长，可以从他技艺高超而优异的工作中看出来，即表现在技艺中的善或德性上。然而明智却没有这种技艺的善或德性，因为明智本身就是德性，对立的不明智是一种相反的品质，它不存在程度问题。而且明智不像科学和技艺那样可以被忘记或被获得，它不是某种特定的获得性知识，它是一个人在日常生活中所表现出来

---

① 亚里士多德：《尼各马可伦理学》，廖申白译，商务印书馆2003年版，第69页。

的稳定的良好心灵情感倾向和精细的逻各斯素质，它不会被遗忘。一个明智的人就是善于策划对自身的善以及有益之事的人，他的策划并非针对部分而是对于整个美好生活有益。但人们不能策划那些出于必然的事情，所以明智不是科学也不是技术，它是关于人的善和恶的真正以理性而实践的品质。在技术中，那些技术最娴熟的人被称为智慧，在各种科学中，只有那种最精确的科学才可以称为智慧。然而，一个智慧的人绝不能仅仅知道由始点引出的事情，而是要探求在这始点背后的真理。所以，智慧既是努斯也是科学，它在纯粹理论、思辨理性的德性中，居于首位。它可以超越实用，专注于宇宙万物的真理性知识的探究。努斯与明智相对立，它以定义为对象，对科学的始初进行把握，通过归纳得到一种普遍的原理并作为科学的前提。亚里士多德认为，对人而言，伦理德性的各种天然品质，有了努斯之后才能成为德性。

在道德领域中，行为都是关于个别事物的，因而，伦理德性实际上都是以明智为基础，否则，它们将不成其为德性。因为德性提供了目的，明智提供了达到目的的实践。没有明智就不存在主要的善，没有伦理德性也就不存在明智。伦理德性和理智德性作为德性的两种形态，并非相互割裂，而是相互联系、相互交叉、相互渗透的统一整体。对于社会中的个体而言，他的德性中同时包含伦理德性和理智德性，是二者的统一。作为自然人，他在道德自由下表现出来的德性便是伦理德性；对于他所处的社会或公共生活领域来说，他是整体的一分子，是一个具有德性觉悟的人，他所表现出的德性就是理智德性；对于一个完整的人来说，在他身上所体现出来的德性就是伦理德性和理智德性的统一。所以，要从整体上提高人的德性水平，不仅要加强伦理德性的修炼，而且要提升人的理智德性，增强人的理性生活的能力。在当前条件下，人仅仅有伦理德性是远远不够的，还需要强化人的理智德性，提高人的科学文化素养。

亚里士多德主张把德性贯彻到实践中去，实现知行统一，认为德性只有在实践中才能获得。亚里士多德不把单纯追求个人内心的完美道德作为终极目的，他主张个体美好的德性要到实践活动中才能实现，最高的善就是最完满的德性实现活动，幸福就是合乎德性的实现活动，而合乎德性的实现活动必然是快乐的。德性首先是一种实践性的品质。一个人脱离社会去追求的德性必然是虚幻的，德性需在实践活动中显现出来，只有合乎德性的实现活动才会带来自身的快乐和幸福。此外德性还是寻求自我满足的品质。亚里士多德主张从德性实践活动的内部去寻求心灵的满足，故德性是目的，而那些作为结果的名誉、金钱、权力等外在的利益统统被排斥在外。亚里士多德认为"那些始终因自身而从不因他物而值得欲求的东西称为最完善"①。亚里士多德把对最高善的追求作为终极目的，并指出人自身在对善的孜孜不倦的追求中就得到了幸福。德性成为一个整体行善的综合。在亚里士多德看来，在他赏识的社会中有一个整体的、统一的善，即"最高善"，而一切活动所指向的目的就是最高的善，"每种技艺与研究，同样地，人的每种实践与选择，都以某种善为目的。所以有人说，所有事物都以善为目的"②。

古希腊人追求的是一种卓越的德性，其中包括节制、勇敢、智慧、公正及友谊等重要的内容。斯多噶派则拒斥亚里士多德的目的论，他们认为，合乎自然方式的生活就是至善。一个有德性的人就是能够自觉遵守宇宙或自然的意志、遵守理性的命令的人。

在拉丁语中，"德性"（virtus），最初被命名为"男子气概"

---

① 亚里士多德：《尼各马可伦理学》，廖申白译，商务印书馆2003年版，第18页。

② 同上书，第4—5页。

（vir）的品质；古希腊的"德性"（arête），意味着德行，使人的特殊价值作为一个理性创造而概念化。二者在词源学上概念的不同，使古希腊与古罗马的德性内容迥然相异。

之后，犹太教、基督教和伊斯兰教各自提出了彼此不相容的德性条目，使人们在各种德性面前很难判断和取舍。到了中世纪，阿奎那关于德性的解释整合了奥古斯丁、柏拉图和亚里士多德的观点，他坚持认为人类的不同社会和社会中的每个人都具有获得德性的可能性。在各种不同社会的内部，制定人定法需要符合为理性所理解的神法——自然法。阿奎那一方面重视亚里士多德的四主德和德性统一性的观点；另一方面，他又针对神圣律法完美顺从的要求，提出了新的德性：谦卑、希望和热爱，这与古希腊人的德性并称为"七主德"，并保持着其间的和谐与平衡。在阿奎那看来，德性就是人类达到其最终目标的那些品质。这种最终目标不是不完善的现世幸福，而是完善的与上帝结为友好关系的永恒幸福。

到了近代，伦理学发生了转向，人们拒斥亚里士多德的目的论，以原则和规范为中心，以个人履行基本义务为要求，德性成为单纯的道德方面的德性，成为一种"道德正当"。进入现代，德性不再依赖别种目的，向非目的论、非实质性发展，道德不再共享任何实质性道德观念，德性失去了其道德中心的位置，被规范取而代之，道德仅仅被看作是服从规范。德性概念渐渐走向边缘，不被重视。德性走向虚无主义，人类进入到一个德性观、价值观多元化的时代，一个"德性之后"的时代。

今天的我们该何去何从？麦金太尔的阐释给我们以很大启示。麦金太尔主张通过德性把过去、现在、未来连成一个整体，让德性的整体性贯穿于整个人类社会之中，依靠德性来维系历史传统。我们主张，依然应将德性作为道德教育的基础。由此，道德教育的主要任务是培养人具有明智的实践理性德性和温良、谦恭、慷慨的伦理德性，至于理论理性的德性——智慧，它既是一切科学知识教育的目标，也是道德教育的目标。

由此，我们可以明了，道德教育在培养人的德性时，必须注意以下几点：

（1）一切道德教育所培养的德性都必须指向一个最高的目的，即幸福。道德教育所承担的最高使命就是要帮助人们去探询那"自成目的"的幸福。

（2）德性是一种现实的内在品质，而不是一种外在情感。一般的情感表达并不涉及道德问题，道德教育的根本任务就是培养起一种正确的好恶情感，即荀子所说的"礼以养情"，这种情感实际上是人的稳定品质的外在表现。

（3）外在的道德规范与人的内在德性并没有直接的关联。道德规范只是一些做事的规矩或规则，数量众多，且不可能强求一律；而德性则是心灵的品质，获得德性是我们在道德教育上的真实成就。许多人做着公正的事情，却未必是一个公正的人，就是因为他可能遵循道德规范去行为，但却没有养成内在德性。现代道德教育的最大失败就在于只要求人们遵守道德规范，而没有真正培养成人们的内在德性。

（4）德性的真义在于它是一种情理，即情感之理，也就是渗透到人的心灵情感感受中的理智普遍性。德性是人心灵中的理智、情感、意志等在现实活动中相互融渗、涵厚和化通的结果。伦理德性就是"有理智的欲望或有欲望的理智"，所以人能合乎正确的理性而行动，能做到恰好、合宜。

是尼采还是亚里士多德？对此我们不能简单地回答"是"或"不是"，但我们却清醒地认识到：被亚里士多德所推崇的追求人格的卓越德性，目前虽然在社会伦理领域中还不占据主导地位，但它在个人道德生活中却能够发挥积极的作用。

## 四　道德教育的历史旨趣

关于道德教育如何可能的问题，是道德教育中一个非常重要但又十分困难的问题。前述可知，道德教育的首要任务是要培养人的内在德性，德性是一种现实的内在品质，它是人心灵中的理智、情感、意志等在现实活动中相互融渗、涵厚和化通的结果，而不简单的只是一些外在的道德规范。现代道德教育的最大失误就在于只规定并要求人们遵守道德规范，而忽视了人们内在德性的真正养成。

道德教育也不能仅仅停留在内在德性的培养上，人的内在德性还必须通过日常生活外化为道德行为，即德行。在德性和德行之间，还存在着道德原则和道德规范。具体的道德行为总是展开于一定的时空关系中，呈现出特殊的形态和品格。相对于道德行为，道德原则或道德规范更多地呈现为普遍的规定，它超越特定的时空关系而制约着不同的行为。

道德教育不单纯是为了培养有道德品质的人，道德教育必须指向一个历史目的。康德指出，没有一个关于历史的道德旨趣，道德行为者的自律是不稳固的；实践理性需要创造一个历史的道德旨趣以便超越个人的目标。实际上，任何一种道德教育都有着自己特有的历史旨趣，这些旨趣的意图是去检查督导人们以便让其沿着一条正确的道路行走，而这条路则是通往道德自律的。历史不仅是从已经发生的经验事实中概括出具有逻辑联系的客观规律，而且以作为人的历史，不仅记录着过去，书写着现在，更重要的是还凝望着未来。道德教育不仅要从已经发生的历史中继承已有的德性和道德原则及规范，更重要的是以某种价值观来教育人们追求美好的未来。这就赋予道德教育以某种历史旨趣。道德的历史旨趣就是要通过道德教育使人们在走向未来之途时沿着正确的道路不断达到道德自律。

历史的进程并不是直接由经验决定的，它的源头是能够传达消息的想象。在任何一个民族的历史陈述或描述中，其历史的源头几乎都是以神话或传说表达出来的想象。对于初生的人类来说，死亡是一个绝对的界限，它把生存的空间划成两个：现实的和虚幻的。那虚幻的空间是与生存相联结的死亡的世界，充满了永恒的神秘，只有想象、幻觉能与之相通，它是人类伸向未知领域的触角。人类最初的意识力求通过形象的形式化、符号化、象征化以便交流、捕捉、界定形象背后的神秘意义，把瞬间铸成永恒，以宣泄、排遣人类对生存空间和时间的恐惧感。

最初，祭祀、巫术等活动担当着交感神秘、乞灵意义的任务，于是，诗及音乐、舞蹈、绘画等艺术形式成为人类最初最根本的生存方式。劳作是和确定之物打交道，是形而下的活动；诗却是召唤、交感不确定的神灵，是形而上的活动。在表达不可见的超越的"意义"上，诗是口语的神化或神化的口语。从口语到诗，两个空间所造成的形象与意义的分离组合，把诗的象征性和隐喻性首先赋形到与生命攸关的口语的具体性和单一性上，文字的产生才有可能。

文字的产生，是一个民族的历史的真正的开始，同时也是世界史的开始。因为只有文字才能突破经验的简单重复，突破时间和地域的界限，为精神和物质生产及其相互作用提供了稳固的支撑以及不断更新的"遗传性"前提。此时时间不再流逝，它空间化、实体化并通过文字融入心灵。符号化的文字记载想象、幻觉，也表达形象背后的神秘意义。无论是古希腊的荷马史诗、《圣经》的创世记，还是中国古代的《山海经》，都以"传奇"的故事诉说人性中原始禀赋的自由的最初发展史。进而在实际的历史进程中，每个时代的思想家都会把自己关于历史的道德旨趣的阐释定向在某些特定的神话文本上。

就道德的历史旨趣而言，中西文化都有自己的"创世记"。在《圣经·创世记》中，由于人类始祖——亚当和夏娃——在伊甸园中的犯禁，"原罪"是人违反上帝的禁止受蛇的"引诱"，偷吃了与生命树相对的知善恶果，于是，上帝惩罚人：生殖、劳动、嫉妒、死亡……

那么，知识树（tree of knowledge）和生命树（tree of life）究竟有什么象征意味呢？从宗教人类学的角度来看，《圣经》中的知识树和生命树主要是回答两个问题：

1. 吃知识树的果子，是为了解决人成为人的问题；
2. 吃生命树的果子，是为了解决生死的问题，即回答生命的有限性。

这两个问题结合在一起清楚地标示出神—人的异同问题。

为什么说吃知识果的宗教隐喻是为了说明人何以成为人的问题呢？原来，在古希伯来文中，"亚当"、"泥土"是同音字，意思是"人"；"肋骨"是"生命"的意思，用肋骨造成一个女人象征"我们的生命都是从女性中来"的；"蛇"和"知识"（knowledge）都有"性爱"（sex）的意思，在早期希伯来文化中，最深刻的知识就是性爱的知识（to know，性爱），比如说，Adam know Eve（亚当认识夏娃），其含义是"亚当和夏娃同床"。就是说，在《圣经》形成时期的希伯来文化中，对一个人最深入的认识就是性爱，亚当和夏娃的性爱（to know）才能使亚当自知自己是一个真正的人。

如此看来，圣经文化通过亚当和夏娃偷食知识果的宗教隐喻，来说明男女之间的性爱关系是人真正成为人的最终根据。偷食禁果之后的第一反应是"他们二人的眼睛就明亮了，才知道自己是赤身露体，便拿无花果树的叶子，为自己编作裙子"。隐即现，二人用无花果树的叶子障其阴的遮掩性动作实际上直接把性器官暴露在自我意识中，既标志着人类性意识的觉醒，也使得

"羞感"成为人之为人的标志。这就是说，人成为人的标志是在性爱关系中通过性意识的觉醒而产生的羞耻感。

与亚当和夏娃以男女出现的自然人不同，中国创世记中的伏羲、女娲则是以兄妹出现的道德人。兄妹婚配议为夫妇，羞而结草为扇以障其面，这与亚当和夏娃摘叶为裙以障其阴的状况不同。在中国天命天道只下贯到"性"的伦常意义上，这意味着中国文化在其源头就赋予了性以传宗接代、肯定族类的伦理道德意义，沿着"性—生殖—家庭—社会—国家"这条人类存在之路，性关系一开始就被归结为生殖，性只是为了生子传宗接代。或者说，在中国文化的语境中，性意识的觉醒肯定的是"道德的人"，而不像西方文化那样赋予性以自然性，它肯定有性别的自我意识即"个人"，换言之，在西方文化的语境中，性意识的觉醒肯定的是"自然的人"。同是"道法自然"，西方的"自然"是自然真实性的，而中国的"自然"则是伦常道德性的。儒、道伦理具有同构和扩大的相似性，道家强调"兄妹—夫妻—父母—君臣"，儒家强调"天、地、君、亲、师"，"师"从"道"，学道、传道，得"道"者得"德"，可以达到"内圣外王"，即修身、养性、齐家、治国、平天下——道法自然，周行而不殆。中国文化中不乏善美，但缺真实。缺真，即缺存在，缺存在与价值的差异性。因为，真或存在被善和美直接取而代之了，存在本身的真实性不见了。中国文化讲圆融贯通，但是不管圆融如何"不泥于一曲，不止于故步，不扬彼抑此，不厚今薄古；可以保证它取长补短而不崇洋媚外，革故鼎新而不妄自菲薄，适应时代而不数典忘祖，认同自己而不唯我独尊"，所有这些左右逢源的乖巧之词，说到底无非一个"圆"字。事实上，我们重复的是一个阿Q至死没有画圆、孙子也未必画得圆、恐怕永远也画不圆的"圆"。我们的"圆"，大至"天人合一"，小至"道在尿溺"，堪称国体命脉，连庄子的怀疑论也未怀疑到

"道"的头上，不敢越雷池一步动摇"天人合一"的道统地位。由此，我们揭开了中国哲学重人伦道德、西方哲学重存在本体的差异之谜。

在中外思想家中，康德第一个比较系统地全面论述了道德的历史旨趣问题。他把堕落的神话整合进了普遍的历史之中，抽取出了先验的、历史的救赎意义，使这个神话的意图不再是期望重新回到伊甸园中，从而赋予它以全新的、永恒的、世俗的解释。

卢梭在《爱弥儿》中认为，孩子的心灵被塑造成两种类型：一种是具有道德尊严的，另一种则为情感所迷惑。康德在卢梭之后追问道：哪一种道德旨趣能成为道德观点的构成因素？哪一种旨趣会激励我们的善良意志？在发表于 1786 年的《柏林月刊》上的《人类历史起源臆测》一文中，康德认为把历史的解释仅仅建立在臆测之上是允许的，是想象力在理性的指导之下进行的一场可以允许的心灵休憩与保健的活动。康德把有关堕落的神话经过臆测解释成为人类理性和自由的一种起源演变，亚当与夏娃在伊甸园中偷食禁果的堕落被看成是一种解放的行为，如此，神话中的原罪不再是一种堕落，而是进步的开端。人是理性动物，无花果的叶子（穿着衣服）便是理性更进一步重要表现的产物，而性是第二位的因素，它隐藏在面具后面去掩饰，去撒谎，去假装，去手足相残。但是，人类穿衣服，引发了羞耻问题，并由此导致了社会认同的行为准则：以这样的方式生活，在别人眼里，你的行为就是得体的。康德认为，体面是一种通过良好的举止在他人之中唤起尊敬的倾向，它只能通过把容易引起鄙视的东西隐藏起来达到。由此，体面成了一种习惯，进而发展为道德，成为人习得的第二天性。康德通过对圣经中堕落的解释赋予这个神话以目的论意识——即使人能够返回原始状态，他也不能生存下去，因为他不满足自己。

　　圣经把罪归咎于人的祖先，教会的教义把它称为原罪；康德把罪变成这样一种概念，即人应该为犯罪承担责任，自主的行为与遗传不相干，这是个人的责任，因此也是法律的责任。这就是根本的恶，根本的恶把私人利益置于道德之上。在"得"与"失"之间——在人类的进步与个体的堕落之间，康德提出了两点看法：第一，个体必须为"他身上体现出来的罪孽"负责；第二，康德告诫这个背负责任的人，要他洗刷掉这些罪恶，并承担起人类进步的重负，而不是像卢梭那样去开历史的倒车。

　　在1784年发表的《世界公民观点之下的历史观念》中，康德认为，历史的过程就是有目的地去发展"生物的自然能力"。就人而言，这就意味着那些朝向理性运用的自然能力得到发展，因为理性是一个超越个体的能力，它属于整个物种，而非个体。自然的最终目的不再是受过全面教育的个体的完善，也不是世界历史过程的完善，换句话说，自然的目的不是要彰显道德，而是要促使作为社会产物的人类能力的发展。因此，自然的最终目的是政治：一个政体的国内宪法及对外的和平关系是人发展的条件。但是，国家只能提供一种相对的安全保护，使之不受"非社会的社会性"（破坏和战争）的野蛮冲动的影响，国家的安全总是以对自由限制为代价的，国家只能保证一种不稳定的安全。因为，一方面，竞争和冲突是允许的，它们为发展提供机会；另一方面，要防止竞争和冲突变成破坏性和攻击性。因此，公民社会的法律体系是社会的最佳选择，因为它是法律和保持自由独立性的最佳安排，它能最大程度上保证自由，并在最大程度上维护安全。

　　如此，康德成功地把卢梭的历史旨趣整合到他自己的历史概念之中，想回归到已经失去的野蛮状态的幸福已不可能，理性要求超出人的动物性存在的幸福或完善，但这不是通过本能获得的。汉斯·费格尔（Hans Feger）指出，康德倒转了卢梭的观点：幸福不是一个自然属性的问题，幸福是由幸福的尊严所成就的。①

历史的道德旨趣虽然把历史的解释建立在臆测之上，但它对我们进行道德教育具有重要的意义。

（1）道德教育要在继承传统道德原则和道德规范的基础上，培养人的历史价值感。任何民族如果轻视或无视自己的历史，必然会陷入价值没有根基、人生没有意义的虚无主义。虚无主义从根部瓦解着人的德性和对道德规范的遵守，并使人在道德行为中表现出道德相对主义的随意性。

（2）道德教育的根本使人们在走向未来之途时沿着正确的道路不断达到道德自律。德性是道德行为的内在基础，道德规范是人的道德生活得以可能的保证，但如果缺失了道德的历史旨趣，我们就会失去当下的道德行为对人类未来的意义关涉。

（3）道德教育应该培养人的责任意识和责任能力，并承担起人类进步的重负。中国传统道德在把以"恻隐"为端的仁义道德规定给人们的时候，是为了服务于外在的宗法伦理制度，因而内在的道德修为和外在的伦理制度都缺失了一个能够自我负责的责任主体——个人或"我"。如何培育作为具有责任意识和责任能力的个人主体，是现代道德教育的一项重要任务。

（4）社会正义的希望是人类值得生活的唯一基础，道德教育要在继承传统时也要培养人的良知和对未来的希望感。自然的进程中规定着人类终极目的的使命。我们的道德教育不能只是从传统中汲取营养，更要有对未来的道德构想。在《共产党宣言》发表150周年时，当代美国著名哲学家理查德·罗蒂在德国《法兰克福汇报》上发表了一篇《失败的预言，光荣的希望》的

---

① 汉斯·费格尔："历史的道德旨趣——康德关于历史符号的理论"，《云南大学学报》2004年第4期。

纪念文章，他指出，失败的预言常常产生无比珍贵的激励和鼓励力量。《新约》表达了对博爱的希望和基督降临的预言，《共产党宣言》表达了对种种非人道形式的尖锐描写和对共产主义社会的希望。一再推迟的兑现虽然已经使我们大部分人不再认真对待它们提出的预言。但是，这两个文本曾经激励了同样多的勇敢和自我牺牲的男人和女人，以自己的生命和幸福为代价，使未来世代的人们能够免遭不必要的痛苦。知识和希望有别，尽管希望常常以错误的预言方式出现，但社会正义的希望是值得人类生活的唯一基础。虽然《新约》和《共产党宣言》仍在不断地被道德伪君子和极端利己主义的强盗有效地加以利用，但只要人类还希望在核弹头、人口膨胀、全球劳动力市场和环境灾难中存活下去，只要我们还希望一个"每个人的自由发展是一切人自由发展的条件"的正义社会，那《宣言》所表达的良知就仍然具有永恒的意义和价值。

## 五　人是道德教化的终极目的

　　道德教育的任务就是要培育人们的个体道德意识和道德情感。道德意识是个人在道德活动中形成的各种道德思想和观念；道德情感是个人在道德活动中对道德关系和道德行为的好恶情绪态度。道德意识和道德情感结合在一起形成诸如善与恶、荣与辱、正义与不义、自尊与自卑、怜悯与忌妒等个体道德范畴。从理论上揭示个体道德范畴的概念内涵及其相互关系，是伦理学的任务。从教育学的道德教育的理论视角，我们关心的是人的道德意识具有什么样的结构，以便为道德教育尽可能提供一个自觉的理论指导。

　　道德教育首先要使人们意识到，道德是情感和理性共同构成的，情感要以理性为基础。从道德教育的立场对道德意识结构进行理论思考，其目的是要立足于普通人的思维水平，并把人们的普通道德意识提升到理论的高度，以便能够合理地解决人们在人生旅途中所遇到的困惑。因此我们必须关注广大普通民众的日常道德经验，但是，道德不能停留在日常经验的道德情感层次，尽管高尚的榜样或热忱的激励这些道德情感也能形成人们的道德素养，但本质而言，理性要比情感更能养成纯粹的道德素质。日常的生活经验告诉我们，大多数普通民众的道德感要比许多接受过高等教育的人更真诚，这得益于他们的生活范围和生活环境的自然朴素性。然而，一旦生活环境和条件发生变化，他们的道德感就会发生急剧的变化。所以，我们必须把这些日常生活中已经包含着的道德法则提取出来加以论证，以便在更高的层次上对任何一个行动的纯粹道德内涵的判断进行指导，从而使人们的道德感从朴素意识上升到理论的自觉。

情感与良心。道德教育要培育和激发人的道德情感，情感是一种对道德行为的感觉及其好恶的情绪态度，它不简单的是利己心或利他心，而是一种包含在人的天性中的对他人的同情心。我们正是通过这些同情共感来确立我们的美德。舍勒认为，人的情感并不像大多数传统的理性主义哲学家所认为的那样盲目而且混乱，情感作为人的一切感官的、机体的、心理的以及精神的感受，在现实、历史的千变万化中，始终存在着其自身不变的本质意义和结构。同情作为人所具有的情感单元之一，在日常生活中，总是单向性地指向他人，并传达出对他人充满关爱的信息，并通过由此及人、由此推人，确立了两种不同的美德：作为旁观者基于体谅而确立的温柔、有礼、和蔼可亲、公正、谦让及宽容仁慈的美德；作为当事人出于对旁观者考虑，确立了自我克制及控制各种激情的美德。"恻隐是道德的源头"，这本身就说明了道德情感的地位和意义。恻隐作为道德心理意识的最初涌现，它推动着道德心理意识的深化和扩展，是人和道德的初始动力之一。当然，它还有与道德相结合继续发展的要求和必要性。没有同情心这种道德情感，我们就会对他人的苦乐漠然置之。但不幸的是，现代人的同情心正在变得淡漠，并使得现代人的道德品质出现问题。究其原因，在于情感作为人的天性中同情他人的一种情绪态度，总会受到个人关于苦乐的主观感受的影响，也会受到社会环境变化的影响。道德教育培养人的道德情感最主要的是使情感奠基于良心之上。

良心本身既是一种道德意识和道德情感，但它同时也是一种道德信念和道德人格，并对道德行为具有评价和调节作用。何谓良心？在汉语中，"良"之义为"好"、"善"，"心"之义为"思想"、"意识"、"心理"，"良心"就是好的、善的思想意识和心理，即道德价值意识。中国古代的孟子认为良心就是人所具有的天赋的道德心，即对他人的同情、关心和爱护的仁爱之心。朱熹说："良心者，本然之善心，即仁义之心也。"王夫之则认为仁义之心既不是一种本然之心，也不是指一种善性，而是天赋予人并不断随着人们继善和积习而发展、完善的道德良心，它是感性功能和理性功能的统一。古希腊的德谟克利特认为良心是对可耻行为的追悔和对生命的拯救，古罗马的西塞罗和塞涅卡把良心看作是指责或捍卫我们行为的内在声音。斯多亚派的哲学认为它是对人身的关心；克利西卜斯把它描绘成人自身内部的和谐意识。中世纪神学家认为良心是上帝放在人心中监督人的行为的法官，卢梭则认为良心是我们的灵魂深处生来就有的一种正义和道德原则，"我们在判断我们和他人的行为是好或是坏的时候，都要以这个原则为依据，所以我把这个原则称为良心"①。亚当·斯密把我们对他人的感情及好恶看作良心的核心。良心是灵魂的声音，它是人类真正的向导。康德认为良心是实践理性，有良心

---

① 卢梭：《爱弥儿》下卷，李平沤译，商务印书馆1983年版，第414页。

就是说有一种尽义务的责任。尼采在对宗教"坏良心"的批判中，指出真正的良心应根植于自我肯定，根植于对自我判断的能力之中。马克斯·舍勒把依赖于感情的良心视为理性判断的表达。可见，良心在经验表现形式上各不相同，但其中却包含有道德评价，道德价值意识属性的相同内涵。良心起源于成为好人的自我道德需要，这种需要的多少直接关系到良心的强弱。良心被视为一种"混合"的心理状态，因为其情感中不仅包括赞成，还有反对，不仅有义务，还有权威。良心具有认识或理性的特征，能够做出道德判断。我们常常说一种行为是"正当"或是"应当"的，主要是因为这种行为引起了我们的义务和赞成的感情，而这"应当"或"正当"就是我们所做出的道德判断。良心具有使人遵守道德的巨大作用。当一个人遵守了道德规范，他就满足了良心做"好人"的道德需要，成为一个有道德的人，并会体验到良心满足的喜悦与快乐，反之则会产生内疚和负罪感，并承受良心谴责的痛苦与烦恼。喜悦和快乐会让他继续遵守道德，内疚与痛苦则使其不再违背道德。因此，赫胥黎说："良心它是社会的看守人，负责把自然人的反社会倾向约束在社会福利所要求的限度之内。"①

　　良心能教吗？答案是肯定的，但前提是出发点正确。无论过去还是现在道德教育者都存在用道德情感来包围某些行为观念，唤起人的良心并引导人的道德情感，用良心去引导人们在道德活动中的赞成或反对、喜爱或厌恶、同情或冷漠的感情，引导人们对道德行为产生敬佩、羡慕、愉快和心情顺畅的情感体验，对非道德行为产生鄙夷、轻蔑、厌恶和内疚的情感体验，把人们培养成有道德的人。然而，是否但凡良心告诉我们是"正当"的行

---

① 赫胥黎：《进化论与伦理学》，《进化论与伦理学》翻译组译，科学出版社1971年版，第21页。

为，它就一定是正当的？我们时常注意到：一个具有良知的人会习惯性地直接反对某些行为，这是头脑中形成已久的不正当的观念使然。但在不少时候部分行为会让我们良心困惑，原因在于公众舆论常常与良心认同不相一致，理性也会因条件的变化而作出不同的判断。我们时常会怀疑我们所求的行为是否真正合乎义务？一个人对某一行为的道德价值的判断正确与否，常常与他联系自明公理进行思考的能力有关。但无论如何，我们都得承认，良心的存在要依靠训练，因为只有意识得到全面的发展，义务感才能够出现。

不仅如此，良心在与欲望的斗争中，通过对欲望的压抑和侵犯而使自己具有美德。因此，良心越强，遵守道德所带来的满足就越大，违背道德的内疚就越深。但无论哪种状况，都将有利于其美德的培养和形成，都会更有利于社会、他人和自身。所以弗罗姆说："人所能作出的最感自豪的申诉莫过于说：'我将凭我的良心行动'。"①

美德与人格。人们对道德的长期遵守和践行，会使这一外在规范转化为个体内在心理的社会规范——美德。美德和道德都是应该如何的行为规范，但与道德相比，它作为一种内在规范，更具稳定性。一个人的美德，既决定于他的内心态度和人生观，又取决于他的所作所为和他所奉行的原则。一个诚心为了他人需要和应得利益的人，尤其是为了增进他人福利而甘愿放弃自己欲望的人，与道德上值得赞赏的理想已十分接近。一般而言，人们更赞赏那些不靠外力的强制而出于圆满的美德自发行动的人。

因此，道德教育应该把良心引导下的道德情感塑造成为人的善感、荣誉感、正义感、自尊心和怜悯心等美好品德。善与恶是

---

① ［美］埃里希·弗罗姆：《自为的人——伦理学的心理探究》，万俊人译，国际文化出版公司1988年版，第124页。

人类最古老的道德范畴，源出于人们对利害关系的认知和感觉，一般说来，人们总是把有利于自己、他人、社会群体的行为和事件当成是善，而把有害于自己、他人、社会群体的行为和事件当成是恶。善与恶都属于道德价值范畴，因而只能通过道德目的和道德终极标准从一切行为事实中推导出来。善是一切符合道德的目的和道德终极标准的行为，恶则是一切违背道德目的和道德终极标准的行为。在亚里士多德看来，人的善是合乎德性而生成的灵魂的现实活动，如若一生都追求善，那人就能得到完美的幸福。到了近代，善的概念发生了很大的变化，进入 20 世纪后，关于"善"、"好"的观念，歧异更大，但人类向善之心并不会泯灭，善的理想还会引领人类继续努力和奋斗。善的行为被人们肯定和赞扬，恶的行为被人们否定和谴责。善总是和人的苦乐感联系在一起，也和人所处的社会关系相联系，道德教育要帮助人们树立起正确的善恶观念，培养善良的道德情感，处理好个人利益和他人以及社会集体利益的关系。善良的人并不是放弃个人福利欲求的人，而是能够对个人福利欲求加以合理节制和理性引导，尊重他人和社会的福利并增进全人类的幸福。

荣誉是个人在履行义务之后受到社会的赞扬、肯定，从而内心获得的价值认同和情感满足。它不同于虚荣和名誉，虚荣是个人荣誉感在内心的畸形反映，它把个人荣誉看得至高无上，不究问事情本身的善恶，而只考虑行为是否有损于个人的名节，它或者为了个人的荣誉不惜做出最坏的事情，或者把自己看作是神圣的超人而过分强调自己的自尊心。名誉则是个人荣誉的外在化表现，它与大众意见的传播或领导上司的欣赏有关，荣誉是人人有权自己具有的东西，而名誉却是别人评述的结果。现代人越来越沉溺于虚荣或名誉，而遗忘了荣誉本身，道德教育应该唤起和培养人的荣誉感，远离虚荣轻视名誉。而要做到这一点，就必须教育人们恢复个体的羞耻感，即人的行为受到社会舆论的谴责和厌恶从而在个人内心所产生的羞愧、内疚和遗憾。这是因为，对于坏事的羞恶之心和对善事的崇敬之心是使人成为一个全面发展的人的心理保证。

人类具有同情和仁慈的美德，同情使人能够体察他人的感情并分担他人的痛苦，并给予相应的关怀和帮助，并形成宽恕、善良、友谊、谦让和温厚的美德；仁慈则促进了人们之间的同情、理解、关心和友爱，加强了社会成员之间的联系，增强了社会的凝聚力。但是，光靠同情和仁慈还不能保证社会成员的利益平衡，为了维护社会公平，保护弱者，抑制强暴和惩罚犯罪，道德教育还要培养人们的正义感。

正义历来受到了人们的关注，同时又具有极大的复杂性，正如博登海墨所言，"正义有一张普罗透斯似的脸，可随心所欲地呈现出极不相同的模样。当我们仔细辨认它并试图揭开隐藏于其后的私密时，往往会陷入迷惑"。[①] 人们对于正义的定义，自古有之：毕达哥拉斯认为，正义基本上就是平等、对等；柏拉图在《理想图》中写到"正义原则就是每个人必须在国家里执行一种最适合他天性的职务"，"正义就是只做自己的事而不兼做别人的事"；亚里士多德指出，正义是社会性、政治性的品德，是树立社会秩序的基础，正义总是关系到他人。亚里士多德把正义区分为普遍的正义和特殊的正义，前者是指每个人都必须遵守纪律和道德，后者是指对财富和权力的公平分配，就是把各人应得的给各人；查士丁尼在《法学总论》中说："正义是给予每个人以其应得的东西的坚定而恒久的意志"；阿奎那认为正义是一种习惯，一种人们依靠它以一种永恒不变的意愿获得其所应得的东西；麦金太尔也认为正义是给每个人应得的本分。在这些众多的

---

① 博登海墨：《法理学——法哲学及其方法》，邓正来、姬敬武译，华夏出版社1987年版，第238页。

定义中，其中基本的内涵为"应得的赏罚"，即把各人应得的给各人。其中亚里士多德的"分配正义"一词比较精确的意义是指社会利益和社会负担的合理分配，它包括分配各种基本的政治权利和义务、社会地位和荣誉、经济利益和收入。所以这里的分配是最广义的。这样，纠正的正义（普遍的正义）就可以包括在内。因此正义，作为转化中的德性，常被认为是最基本或需最先考虑的德性。古代中国对正义的最一般解释为公正，即无私和不偏不倚。孔子认为君子正义而道之自在，君子不义而道丧德亡。荀子认为正义就是公正合宜的思想、情感和行为态度。虽然中国和西方在对正义的表述风格和形式上有明显差异，但中西对正义概念的理解基本一致，它总是与平等相联系，即以某种标准对待所有的人。在各种论述中，都把正义视为一种社会德性，其根本任务是广义的分配权益，进行等利（害）交换。因此分配公正，即社会根本公正就显得至关重要，权利与义务的交换成为正义的根本问题。

正义如何才能实现公正的分配权利和义务？贡献、德才、需要及平等原则，必须纳入到正义的内涵中。但同时我们也清醒地认识到它既非绝对平均的极端平等，又会在具体的实践中遇到各种困难。正义与不义相关，对不义的恶行进行制裁和惩罚不能只靠提倡和劝诚，还要靠正义的惩罚力量。所以，表现为对受害者的同情、保护、补偿和对害人者的愤恨与惩罚的正义需要靠法律的强制性进行维持和保障。通过道德教育培养人们的正义感，不仅可以帮助人们树立公正合宜的情感和行为态度，也对维护法律的尊严具有重要的意义。

有正义感的人应该是有自尊心和怜悯心的人。自尊是人们尊重自己、维护自己的尊严和人格、不容他人歧视和侮辱的一种心理意识、情感和行为态度。道德教育要教育人们既尊重自己也尊重他人，不能无端轻视他人也不能一味崇拜别人。自尊根源于人对自我的正确认识，应该教育人们对自己的价值、能力和成就形成正确的估价。自尊的人会具有一种自强不息的精神。怜悯是相对于他人的痛苦和不幸而产生的一种同情怜惜之心，即孟子所说的"恻隐之心"、"不忍人之心"。共同的社会实践和生活联系是怜悯这种道德情感产生的主要原因，它是人对自己同类关心爱护的种族精神和整体精神的体现。现代社会人们对外在利益的关注使怜悯这种美德正在日益减弱，培育人们的怜悯之心，克服对他人的成绩、名誉、财产、快乐和爱情产生不满、敌视或仇恨的忌妒之心，也是道德教育的一个重要任务。

美德的培养是为了使人具有优良的品德，即建构健全的道德人格。人格是个复杂的问题，它是一个具有多种含义的概念，不同的学科赋予了人格以不同的含义，精神分析学把人格看作是本我、自我和超我的统一，法学从社会等级和财产关系上把人格看作是能作为权利和义务主体的资格，等等。

中国古代没有"人格"一词，有"人品"、"品行"之意与之相近。而"人格"在西方最早之义为"面具"，其后不断演变，最终成为一个含义广泛、而所指极少的抽象概念。因此西方几乎所有的人文社会科学都在不同程度上使用了这一概念，并且做出了各自的解释和规定：在哲学概念中，"人格"起源于早期的神学家，公元6世纪，神学家波依悉阿斯就指出人格是真实的有理性的个人的本性，以后的哲学从两个方面强调和发挥了人格的定义：一个是强调人的个体完整性和价值；另一个是强调人的伦理道德意义。法学对"人格"的解释起源于古罗马民法法典，它指出奴隶不是人因而不具有人格，具有人格的是那些生而自由的公民，并将是否具有人格作为能否享有法律地位的标志。社会学则倾向于将人格视为社会背景的反映，或依赖于社会背景。心理学认为，人格是个人品质的结合。伦理学从其特有的学科视角，把人格定义为人与其他动物相区别的道德规定性，是个人做人的尊严、价值和总的质量的总和，所以，人格概念在伦理学中具体化为道德人格的概念。人格实质是一个产生、发展和变迁的动态过程，此动态性不仅表现在个体人格和社会人格的模式上，而且表现在两者的相互关系中。人格的构成要素不仅包括身体和精神的需要因素，还包括思想和道德因素、心理因素、智能因素以及身体因素。人格发展及确立要求有其完整性，其本身自然的包括有道德性，因此道德性和完整性成为人格不可缺少的两个方面，离开了道德性就没有完整的人格，离开了完整性就没有真正的道德人格。而道德人格是指人格的道德规定性，是加入了伦理关系和参与了道德活动以后获得的道德性质和表现出来的道德形象，简言之就是人格主体的道德认识、道德情感、道德意识、道德信念和道德习惯的有机结合。在现实生活中，没有道德特征的人格是不存在的，一个人无论是善还是恶，都是道德人格的表现。

相应地，品德也有美德和恶德之分，美德是指具有正道德价值的品德，是人们长期遵守道德所形成的；恶德则是具有负道德价值的品德，是人们长期违背道德而形成的。我们从道德教育的角度，认为道德人格就是人们通过道德生活意识到自己的道德责任和道德义务以及人生的价值和意义，提高道德品质，丰富和完善自己的内心世界的人的性格和品格的统一。因此，道德教育的目的就是要培育人的善的道德人格，就是要形成人格尊严，形成公正、诚实、勇敢的道德品质，在人格受辱时产生捍卫人格尊严的正气和德操。因此道德教育的目的就是为了使其稳定、恒久地遵守道德，从而进入美德自律的境界。

善良意志与道德自律。在现代社会中，道德教育并不乏各种美德教育，然而结果却不尽如人意。为什么这些诸如宽恕、善良、友谊、谦让和温厚的美德总是会在不同的境域中发生变化呢？细细想来各种原因林林总总，其中原因之一就在于我们的道德教育赖以建立的基础。我们的道德教育或者建立在经验主义的基础之上，或者建立在情感主义和功利主义的基础之上，它们分别把感性经验、情感或功利作为道德的基础和价值标准。实际上，经验、情感和功利在道德教育和人的德性培养中具有重要的作用，但是它们都同个人的偏好、兴趣和利益相联系，因而具有个别性、主观性和偶然性，而不具备普遍性、客观性和必然性，不能成为现实的道德法则的基础。因而也并不能确保人们在任何时候都能够坚守这些美德。

那么道德价值的真正来源和基础是什么？康德认为，人的自由意志就是理性的实践能力，就是实践理性。意志在决定人的道德行为时，必须按一定的规律规定人的行为，即人的一切都是来自对规律的尊重，只有这样，其行为才是符合道德的。何谓善良意志？善良意志是我们在撇开一切感性的东西时单凭理性来设想的一种意志，即来自常人的特殊意志又超越常人的具有普遍性的特殊意志。它不是来自上帝和世俗的权威，而是来自人的理性本身。善良意志不是因快乐而善、因幸福而善、因功利而善，它不依赖于它是否发生实际效用或达到预期目标，而是仅因其为善的意志自身就是道德善。它是内在的、绝对的、自由的、理性本身的善。康德正确地指出，只有理性的善良意志才是道德法则的基础，因为只有从理性的善良意志中引申出的道德法则才具有普遍的约束力，才具有道德的纯粹性和高尚性。奠基于情感或功利基础之上的人们日常生活的意志，虽然也可能达到目的，满足快乐、幸福的欲求，但若没有理性的善良意志的指导，通常所谓的聪明、勇敢、勤奋等品性也会导致恶行；人们追求财富、权力、荣誉等身外之物，若没有善良意志的统率，可能会造成道德祸害。更进一步说，道德之所以是能够自律的，是由于作为道德主体的人具有善良意志。

我们的道德教育要明了，一个人的品质和行为是否具有道德价值，取决于人的善良意志。奠基于经验、情感和功利基础之上的道德行为能够满足人们个别的、偶然的偏好、兴趣和利益，但只有产生于理性的善良意志才能引导人们去追求更高的目的和价值。现代社会中物质生活上的需要越来越激活人的感性需要，释放人的感性欲望，而遗忘了人的理性能力的培养，失落了建立在理性基础上的、对道德行为起奠基作用的善良意志。

道德教育培养要建立在理性基础上的善良意志，就是要把个人偶然的偏好与义务或责任区别开来。偏好出于常人的感性和欲望，在这一感性的层面上，人完全属于现象界，并受因果规律的支配，因此感性的偏好不具有普遍必然性，不具有普遍法则的约束力。人之所以追求道德，不是为了幸福和利益的获得，而是人自身的德性所使然。"德性"是人所先天具有的、意志决定自身的一种道德力量。"德性"和"价值"是等价的概念，人不能选择也不能失去德性，没有德性，人就失去了自身的尊严和价值；人当然应该享有幸福，但追求幸福不构成道德行为的动机，幸福说到底是基于人对德性的意识。德性对自己行为的约束力是靠"责任"来实现的。一个有德性的人必定能对自己的行为负责。责任构成了道德行为的动机，只有出于责任的行为才具有普遍的道德价值，而合乎责任的行为在动机上究竟是否出于责任还很难断定，故不具有普遍的道德价值。为此，康德曾经提出了著名的道德三命题：责任是道德价值的根据和标准；凡是出于责任的行为，其道德价值不取决于它所达到的目标，而取决于它所遵循的道德法则；责任就是由尊重规律而产生的行为必然性。[①]

以上关于责任的三个命题，共同构成一个道德法则的总原则：你不论做什么，如果你这样做的动机被所有人认为是应该

---

① 康德：《道德形而上学原理》，苗力田译，上海人民出版社1986年版，第49—50页。

的，是依据纯粹理性的要求的，那就是道德；否则，就是不道德的。譬如，如果出于道德责任感而"诚实"，就是道德的；如果出于追求名利欲望而"诚实"或者由于"天性诚实"而诚实，那就没有道德价值了。如果不是出于责任，而是出于个人的偏好、好心而"同情"别人，那也没有道德价值；责任行为的道德价值取决于善良意志的内在价值，而与欲望对象和现实利益的外在目标无关，如出于责任援救溺水者的行为，是出于理性支配下的、受善良意志决定的"应当救人"的道德法则；责任所要求的行为具有普遍必然性，善良意志所以高于人们日常生活中的具体意志，就在于它是遵从由理性为自身立法的规律的。

依据道德法则建立起来的道德规律是一种无条件的命令，即"绝对命令"。康德制定了"绝对命令"的三个公式：

（1）"只按照你同时认为也能成为普遍的准则去行动。"① 这条道德律强调了道德规律的强制性，是说个人的行为准则只有在适合于"普遍的立法原则"，即成为对任何有理性和意志的人都有效时，才具有普遍有效性。

（2）"你的行动，要把自己人身中的人性和其他人身中的人性，在任何时候都同样看作是目的，永远不能只看作是手段。"② 这条道德律体现了人的自主性，意志是决定自己依照规律去行动的一种能力，这种能力只有理性者才具备；人是目的本身，不是工具和手段。人的全部价值、意义和尊严都基于这一点。"说谎"、"自杀"的行为就不符合"人是目的"的道德规律，前者实际上是把他人当作了手段，后者是把自己的生命当作了手段。人即是自己的真正主人，又是自然的目的。

---

① 康德：《道德形而上学原理》，上海人民出版社 1986 年版，第 72 页。

② 同上书，第 81 页。

（3）"每个有理性东西的意志的观念是普遍立法意志的观念。"① 这就是"意志自律"，自己为自己的行为规定法则。康德认为，人的独立自主、普遍的道德法则是由人的意志本身规定的，因而是绝对自由的。人是服从自己立法的主人。

在目的国度中，人就是目的本身，也就是说，没有人可以把他单单用作手段，他自己永远总是一个目的；因而那以我们自己为化身的人的本质对我们自身来说一定是神圣的——所以得出这个结论乃是因为人是道德法则的主体，而这个法则本身就是神圣的，而且任何一种东西，一般地说来，也只是因为这个法则，并只有契合于这个法则，才能称为神圣的。因为这个道德法则就建立在他的意志的自律上，这个意志，作为自由意志，同时就能依照他的普遍法则必然符合于他自己应当服从的东西。②

从人所具有的尊严和人性所要求的尊重来看，"人永远是目的而不是手段"不仅是人的道德行动的绝对命令，而且，任何与人相关的条件性价值都必须以这一基本的态度来对待，这是积极的道德生活实践的基础。没有人与人之间的相互尊重，没有这种相互之间的道德"关切"和"同情"，就不可能有任何的形成积极的道德人格的道德生活。一个人只有当他尊重，当他热爱所有的人性与自由时，同时当它自己的个性、他自己的自由与人性同样受到所有人的尊重、热爱、支持时，他才能真正地成为一个人。尊重构成了对道德律令的尊严的敬仰，对德性的希望和赞赏，它使得普遍的道德律令和道德责任成为人的目的的必然性，成为人之间的德性教化的基础。人只有服从纯粹理性制定的法则，而不是他律的东西，人才是自由的、有尊严的，才能把人当作目的而不是工具或手段。道德就是"使人成为目的"的、自

---

① 康德：《道德形而上学原理》，上海人民出版社 1986 年版，第 83 页。
② 康德：《实践理性批判》，蓝公武译，商务印书馆 1960 年版，第 143 页。

身决定的意志行为，并尽做人的义务。道德的陶冶和教化就是把自己的人性和人格当作目的本身，充分意识到自己的人格所承担的道德使命，并把他人的理性存在真正地作为目的来尊重。

# 第四章 信仰论：教育与理想信仰

从启蒙运动开始，西方近代哲学在对神学本体论的批判中走向了知识论形态，哲学为知识寻求最终根据的努力彰显的是主体形而上学和人类中心论的错觉，知识像产品一样被生产出来并开始奴役人，教育并未使人成为自己的主人，知识成了谋生的手段，学习知识不再有洞悉自然和人类奥秘的兴奋，而成为工业社会对人的一种要求和强制性义务。从尼采的"上帝之死"到福柯的"人之死"，西方哲学从对理性的批判最终走向了对超验的排除——人文精神危机、生存意义失落、西方社会的精神品格走向了虚无主义的幽谷，科学主义知识观下的教育课程体系指向"科学知识最有价值！"正是这个解释，使教育课程完全陷入到功利主义的陷阱中，使教育所培养的人，"工具理性"膨胀，价值理性和个体情感亏空。人不再对生命意义有全新的透悟，无法重聚世界和人生的碎片。质言之，教育的失真和理想信仰的隐遁造成了信仰的危机！

## 一 真理（知识）与意义（信仰）的分离

在古希腊，以宗教、神话为源头产生了以"智慧"为内容的哲学知识。当希腊人试图从总体上把握世界，探索宇宙的最终和谐时，他们孕育了哲学这样一种特殊的知识形态。希腊哲学家把求知看作是神圣的活动，以之思考宇宙、人生、世界。希腊人坚信哲学能够为人类生活建立一种信仰，为人类精神家园奠定基础。

在希腊人的精神信念中，人生有限却渴求无限和永恒的超越，短暂的感性个体生命却期望成为超迈卓绝的亘古生灵。当人们渴求超越、追寻自由、冥思终极意义时，人便具有哲学禀赋。哲学的产生是为了给人的生存得以可能提供一种终极本体的理性论证，哲学在本质上是对人的生存境域的终极关怀和存在意义的理论表达。在古希腊，知识绝对不是那种以之谋求利益的工具，知识在于寻求正确的思想和正确的行为的一致，即达到真理。哲学的本义是"爱智慧"，对于古希腊人来说，"求知"和"爱智慧"、"知识"和"智慧"乃是一致的。古希腊自巴门尼德以降，真理指的就是与意见（来自感性经验）有别的知识，而知识则来自灵魂的神性部分对超越的理念的直接把握，灵魂之所以能够把握理念，乃是因为它在理念世界里待过。因而，知识的前提就在于有一个超越尘世的、处于彼岸的真理世界的存在，这就是柏拉图的"理念理论"。所谓"爱智慧"，乃指哲学（一切真理知识都可称"哲学"）是对彼岸的、绝对的真理的无限趋近，"爱"指"努力趋近"而非"完全达到"。因此，这里的结论就是：知识的本性就是它对于感性尘世之物的超越，而获得真理的直接途径就是人的灵魂对神的智慧的爱。至于认识真理的目的，则在于这种认识自身——这就是所谓认识乃出自"纯粹的理论兴趣"，因为它是灵魂所能有的最高福祉。所以，在古希腊哲学中，真理之本质和真理之认识都是在"超越的存在论"的框架内发生的。

柏拉图指出，"存在本身"就是"理念世界"，知识就是人的灵魂对理念的回忆。在柏拉图那里，为人之道（Ethos）和自然之道（Logos）是统一的，真理就是指那种与本体或存在符合一致的知识，求知只是途径、手段，目的是要求的最高理念"至善"，也就是终极的存在。这是最高的知识，也是大智大慧。

事实上，柏拉图的最高理念、亚里士多德的最高实体都是"神"，亚里士多德在《形而上学》中把对终极实体的沉思称之为"神学"。

亚里士多德在《形而上学》一书中开宗明义地指出："求知是人类的本性。"[1] 他竭力把真正的知识与任何实用的目的分离开来，即真正的知识是与人们的生存实践活动和实用目的相分离的。对于亚里士多德来说，人们为了知识本身而去追求知识，并不是为了实用的目的，追求真理不仅仅是人对与人相对的对象的主观把握，而且更为主要的是，希腊人对于知识的兴趣，说到底是对人生的生存追问所引发的兴趣，知识关怀其实就是希腊人终极关怀的表达。正是出于确定性的要求，知识开始出现分化，亚里士多德对哲学与其他科学进行区分，他认为哲学所要研究的不是"存在"的某一部分或某一属性，而是"作为存在的存在"，其他具体学科则是对"存在"某一部分或某一属性的研究，所以哲学是一种究极意义上的知识，注重整体的把握，而科学作为对事物的认识，是一种分散性的知识。

古希腊哲学家都非常注重知识的作用。由于对世界本原即存在本身的知识的强调，使其知识观具有形而上的思辨特色，从而表现出为知识而知识的纯粹理论的倾向，并日渐与经验世界分离。这种知识论特色有助于科学知识在一个独立的思维领域中发展，并由于西方哲学对知识的客观有效性、确定性的注重，因而有专门的知识分类，到后来又发展起相应的科学方法，使西方的科学技术如虎添翼，获得长足发展。但其对纯粹理性的倚重，也易与现实生活世界相分离，而遗忘人类的本真存在，使个体抽象化为认知主体，而缺少道义的担当。尤其是近代西方哲学，科学方法渗入价值领域，注重实证知识与实用

---

[1]　亚里士多德：《形而上学》，吴寿彭译，商务印书馆1997年版，第1页。

价值，使意义的探究与道德的神圣感受到轻忽，由此带来许多人的生存意义问题。

古希腊哲学家把真理性的知识称为"科学"，其科学的意味与我们现在的科学不同，强调的是一种最高的、确定的知识，他们从一开始就把哲学视为科学，即一种包罗万象的整体性知识。随着科学的进一步发展，各门具体学科日益从哲学中分化出来，知识的分化有利于各门具体学科作为独立的体系自由发展，但也容易造成知识与德行的分离，而使理性在科学的运用中失去价值，走向歧途。希腊晚期的情形正是如此，一方面，科学较为昌盛，但另一方面，人们的精神领域却日渐贫乏。于是，东方的宗教思想便相应涌入，以填补人们心灵的饥渴。

真理和意义、信仰和知识渗透在希腊人关于人、神、自然的思辨中。求真是包括非理性因素的（信仰、激情、迷狂），否则泰勒斯就不会只仰望天空而失足落坑，德谟克利特就不会变卖家产而求智，苏格拉底就不会在赴约路上而沉思。无论是对同形同性的诸神的自然、现实主义解释世界，还是信仰灵魂不死、永恒轮回，都体现了希腊人的一个基本信念和精神传统；相信任何东西都不是孤立的、无意义的，而是有某种最后的说明（原因），是一个有机整体，体现出和谐和善的目的，这种善对应着人间的四种美德。人性在文明生活中的完善是绝对的目标，智慧、真知是神拥有，人不过是分享了智慧。善和正当是绝对不依赖于意见的东西，是由事物自身的本性所决定的东西。善是世界或现实本身，现实是在自身中存在，即在理念中存在。感觉世界不完善，是变化的；真正的现实是理想的、精神的、善本身。在希腊时代特别是在前苏格拉底哲学中，"神"的观念纯粹是为了解释自然而形成的，有多少种自然力量，就在古希腊人心目中形成了多少种神的观念，而且神对人的影响是以一种感性的方式而不是理论的方式表达出来的，众神被看作是人的近邻，神是拟人化的。但是，随着理性的历史演进，希腊哲学日益显示出它那纯粹观念的形态，既不同于具体的科学，也不同于充满感性叙事的神话和宗教。当希腊哲学用概念化的思维方式探寻世界本原，论证有某种存在具体事物背后起着支配作用，人及其万物因这种存在而存在，一种健全的人类理智可以将这种存在作为认识的目标，并试图获得关于这种存在的知识时，希腊哲学已经为日后能被基督教神学所利用提供了可能性。希腊哲学把本体论看作是一种关于作为存在的存在的学问，其最终目的在于获得一切存在的最后根据或"神"的知识。同时也应看到当理性神代替了原始神话和传统宗教中的人格神，成为万物的终极原因或最高实体时，希腊的理性和传统的信仰对立起来了。为了反对对传统的人格神的信仰，苏格拉底付出了生命。与此同时，我们也可以看到，希腊哲学对本原的探讨最终导致一个绝对者，从柏拉图和亚里士多德的神学目的论和后来中世纪基督教的关系来看，希腊哲学一方面使人摆脱传统宗教，另一方面又在悄悄地走向一种新的宗教，它为一神论的宗教提供了一种思维方式；一方面引发了人们的理性，另一方面却又在诱导着一种新的信仰。

　　一个时代对知识的评价可以用作衡量时代精神的标准。亚里士多德进一步强化了知识关怀与人的意义生成之间的关系，他把追求知识的生活方式看成是人的意义生成的唯一方式。这种追求知识的生活方式与人的意义生成之间关系的固定化实质上确立了知识话语的霸权地位，知识话语成为感受神圣、体验无限与永恒的唯一合法话语。追求知识的生活方式的霸权地位的确立对于知识的积累和扩展当然是一件幸事，但不幸的是，知识话语却不能直接表达人对不幸、邪恶、灾难的经历、感受与体验。所以，总的来看，古希腊哲学从苏格拉底，经柏拉图到亚里士多德，逐步建立了人的终极关怀模式，这一模式通过确立追求知识的生活方式与人的意义生成之间的对应关系来展开希腊人的生存着的生活。通过这种关系，希腊人既认识到自己存在和世界存在之神秘，开展着自身的生活，又在这种生活中感受、体验这种生活的意义，找到心灵的依归之处，获得心灵生活的满足。

古代世界向基督教世界的转变是欧洲人经历的最伟大的革命，基督教对世俗世界持否定的态度，但不厌倦世俗世界和讨嫌生活，而是充满要完成伟大事业的精力和渴望。如包尔生所言，在基督教早期，在教会诗篇的旁边繁茂地生长着大众的叙事诗或英雄诗篇，最受赞扬的德性不是放弃和忍受，而是凶猛的勇敢，日耳曼诸民族的生活不是基督徒的，战争是伟大的事业。信仰是第一位的，知识是受到轻蔑的。但在基督教传统内，对上帝的信仰是与对上帝的知识紧密关联在一起的。早期基督教哲学一方面贬抑理性，反对希腊哲学，甚至将希腊哲学看作一切异端信仰的根源；另一方面，却又吸收了希腊哲学中大量伦理道德观念，如从斯多亚派那里吸收了禁欲主义，发展成基督教的道德基础；同时，它对希腊哲学的神秘主义成分毫不拒绝。按照旧基督教的观念，一个人的价值绝对不依赖于它所拥有的知识和教养，在上帝眼里，有价值的不是文化和哲学，而是信仰和热爱。人的一切——存在、人性和自由——从本原意义上讲都是上帝的恩赐，也即上帝创造了人。但上帝是以自己的形象造人的，并赋予人以他的灵，因此人与上帝是相似的。在对上帝的信仰中，上帝与人之间的联系乃是爱的联系，因为上帝本身就是爱。信赖上帝——爱上帝，是人自觉的归顺，在归顺中人也获得了自由。虽然基督教神学内部也有人试图完全否认理性知识，但基督教神学的主流则一直是试图协调知识与信仰，试图把理性知识当作论证基督一神信仰的有效手段。对于如何获得关于上帝的知识，毫无疑问，所有的神学家都强调上帝的自我揭示即启示的首要性。上帝通过启示向人传送自身的信息，使人获得关于上帝的某种知识，信仰既是接受来自上帝的启示，也是对这种启示的一种回应。神学只讲信仰，认为对上帝的信仰是一切知识的前提条件，知识就是来自上帝的启示。

从奥古斯丁到托马斯·阿奎那，基督教神学的主要问题就是讨论信仰和理性的关系。神学家们努力地把信仰和理性的关系作一整合性的解释，使信仰和理性的对象一体化，目的是使人获得更系统、更全面的关于上帝的知识以便加深、巩固对上帝的信仰。生活的意义是上帝带来的，在对生活的意义的追寻中认识上帝再到自认卑微和赞美的基础上，我们才迈进信仰的领域。对生活的意义的询问是人的"终极关怀"，信仰作为对终极关怀的实质性回答，为生活提供了终极的基础。信仰为整个世俗人生提供了根基，正是在对人生意义的询问中产生了信仰。信仰实际就是对存在意义的信奉，即对存在与真理关系的信奉，就是对上帝的信奉。意义问题其实也就是信仰问题。只有存在的真理透射进来，信仰才是可能的。

从经院哲学的历史来看，基督教从排斥理性到容纳理性、向理性主义的回归，任何形而上的学说的前结构都包含着信仰的要素，如本体和理念。人们试图运用理性追求本体，就是相信该本体是自然的终极因素，是道德至善的对象，在这种哲学体系中，求真就是求德。这种追求是理性的活动，同时又包含确定的信仰。基督教神学也把"神学—本体论"看作是一种学问，目的在于获得关于作为世界本原的上帝的知识，并试图以此论证基督一神信仰，基督教神学不再停留在宗教信仰的层面上，而是试图进一步地以理性知识对基督一神信仰（上帝存在、原罪、救赎等等）进行理论论证。"有唯一一个基督上帝存在"，这是信仰；"对上帝存在的各种证明"则属于神学。无怪乎当代哲学家称康德仍是个"隐蔽的基督徒"。

在信仰中，人们自动承担起一种责任，也自然而然地领受了一种幸福和自由，这种体验不受世俗规范并使人感受到生活中自我的神圣和庄严。不受世俗约束，但从不干预世俗。奥古斯丁在希腊四德的基础上又补充了信仰、希望和爱这三种美德。合起来就是七德。皈向上帝的同时，就做出了一种抉择，采取了一种生活态度和生活方式，我们从以我们的利益出发的生活中退出，进入一种全新的生活，这样我们也就承担了义务和责任。我们不是逃避生活本身，而是从一个新的角度去建构新的生活，也是从根本意义上去改造生活。人们看似缺乏自由，但并不感到孤独，因为信仰给人们提供了维系情感、实现精神聚合的超验纽带。中世纪的信仰是公开的，是一种承认和担当，是追求上帝这一真理的抉择和决心，它似乎不是知识，但它充满了人的意志、感情和欲望。在基督徒怜悯的德行下是一颗向往上帝的宁静的心，向往上帝是真理之途。这是信仰规定的一条遵循到底的康庄大道。人们由此进入一种全新的生活，而不再考虑自己的世俗得失。

　　从总体上看，在中世纪世俗的知识是受压抑的，关于上帝的知识是张扬的。理性和信仰、自然神学和启示神学相互激荡，但最终是正统的神学家把理性变成信仰的驯服的工具，知识的传授有了明确的计划和目的，大学的诞生是中世纪对人类文化的一大贡献，始终是教育制度绽放的最绚丽的花朵，它标志着基督教关于人生终极意义信仰教化功能的现代迁移与转化。精神教化与知识传授一统于大学，为现代社会奠定了知识与意义统一的教育机制。大学作为创新科学原理与守护精神价值的策源地，特别以造就人格化的知识分子为核心。现代大学自此将中古大学的基督教神学信仰转变为人文精神信仰，人文精神与人文教育成为现代大学引人注目的话语，这也就是"大学理念"的基本涵义。正是这种有机整合性与完整人性的教化目标，大学才能培养出本原意义的知识分子，但现代化压力却一直在迫使大学片面地服务于市场经济与全球化形势下民族国家的竞争。其实，大学人文精神，即被视作是一种需要守持维护的理想信念（理念），一个成熟的社会与民族，应当理解那近乎精神隐修的大学人文精神支撑现代社会，它不只是科学技术，而且是终极价值的信仰意义。

近代以来，科学知识与信仰开始分离。文艺复兴和宗教改革是中世纪晚期的重大历史事件，各种思潮相互撞击，表现出过渡时期的文化特征。客观地看，这个时期人仍然在上帝的呵护下，自然观与近代的自然科学精神差距很大，而且从古希腊到中世纪，信仰生活一直保持着维持社会共同生活、共享价值理性的身份。

15 世纪以来人文主义者的吁求以及 16 世纪的宗教改革运动使神人对立转向神人和解，人的现世生活完全可按世俗理性而不是按神性安排妥帖的进行。近代教育就在这种社会的世俗化过程中拉开了序幕。自然科学兴起，上帝被迫从自然中隐退——自然界也逐渐被世俗化了。哲学与自然科学结盟，从神学和经院哲学的体系中分离出来。哲学是建立因果关系的知识体系（经验论），或是用数学—逻辑方法构造的知识体系（唯理论）。他们用物质统一性来反抗神灵，用理性主义驱逐信仰，用机械自然观反对神学目的论，以功利眼光看，倡导民主、自由、平等观念，在一定程度上，开启了民众的心智。

近代教育用以衡量知识的一个标准是培根制定的实用性。按照新的科学价值观，以思辨和伦理价值为取向的古代知识以及以宗教价值为取向的中世纪信仰理所当然地被排除在科学知识的范围之外了。"知识就是力量"的隐含后果是：一方面，科学知识之外的东西（如宗教、伦理等）被排斥在知识范围之外，即非由可观察事实提供证据的论断，均属于知识之外的东西；另一方面，知识就是真理，而真理与意义分离，因为信念所涉及的意义属于非观察的事实。这样，信念伦理的非知识化导致责任伦理成为无本之木。希腊化理性主要是知识体系，而希伯来信仰则是与存在、生命相关联的价值体系，近代哲学要成为科学，这意味着对前此哲学的科学性有了怀疑，这种对哲学本身的怀疑标志着哲学与科学已有了较明确的分梳，真理与意义的分离、知识与信仰的断裂已初露端倪。

近代教育用以衡量知识的另一个标准是笛卡儿制定的确定性。如果说古代哲学家致力于求存在论的原理，即求存在的终极原因、终极实体的话，那么笛卡儿的哲学所探讨的首先是关于人类知识的根本原理，即为科学为知识的确定性寻求可靠的根据、基础，成为人类知识这棵大树的根。为此，他将数学方法普遍化，制定新的方法论规则。又以普遍怀疑清理知识的基础，并由此确立"我思"哲学，以我思为第一原则，以上帝为最高实体、终极原因。笛卡儿把我思、自我意识、主体性作为哲学的起点、基础，由此去解决认识和存在的根本问题，不仅为认识论而且也为本体论的解决开辟了新思路。虽然笛卡儿仍把上帝看作最高实体、终极原因，但这个上帝是从"我思"推论出来的。因此，"我思"理论改变了哲学研究的思路，可以说是哲学的转向。笛卡儿的"我思"哲学使本体论上思维与存在的划分明朗化，使认识论上主体与客体的区分明确起来，主体与自我意识的觉醒极大地改变和拓宽了近代哲学家们的思路，他们试图由此去解决知识的确定性的根据和基础，解决宇宙万物的终极存在。知识问题凸现了出来，时代和社会发展的需要使近代哲人在知识论问题上产生了唯理论和经验论的分野。"我思故我在"这个命题其哲学史上的意义在于，它首次提出了"我思"是一切真理之具有确实性的唯一出发点。黑格尔说，勒内·笛卡儿事实上是近代哲学真正的创始人，因为近代哲学是以思维为原则的。"以思维为原则"的确立，也就标志着，真理的可能性不再取决于神意或理念，而是取决于人的主体思维。马克思指出："一切都受到了最无情的批判，一切都必须在理性的法庭面前为自己的存在作辩护或者放弃存在的权利，思维着的知性成了衡量一切的唯一尺度。"①

　　近代教育的理想是发现永恒的真理，实现理想的工具就是科学，即工具理性。近代教育的另一理想就是实现普遍的人类解放，实现它的工具就是主体性哲学，即工具理性。通过教育促进科技经济的发展和人类基本生活的改善所带来的幸福是不可否认的，启蒙理性是评判的标准，也是时代的标志，它宣告了理性时代的正式开始，启蒙理性就是现代理性，其纲领就是现代主义和现代化纲领。近代哲学在对神学本体论的批判中走向了知识论的形态，真理和意义、知识和信仰正式分离，启蒙运动所推崇的理性、科学知识和进步都是迥异于以前的。现代化就是要以理性为工具，以全人类的名义对自然社会和人的道德生活等各个方面进行合理的安排和控制。人类建立的信仰大厦开始震颤，由于科学对人类知识各部门的主导作用，近现代教育从科学理性的立场出发，把真理看作具有普遍性与必然性的真知识，强调只有绝对确实的知识才是真知识，合乎数学模型的知识，才是真正的知识。

　　近代教育以求知涵盖求德，这一功能是由理性来保证的。宗教改革以来"相信得救"的价值理性功能现在已被视为蒙昧主义而被唾弃。这种理性的自足自救代替了神正论、救赎论，斯宾诺莎和黑格尔的体系正体现了理性可以使人心安理得、获得精神完满的功能。显然，在现代教育中，当人们用理性送走中世纪神学的愚昧，倡导人本身所具有的理性能力，主张人本位反对神本位时，对理性的信赖和推崇已走向了极端，理性万能取代了上帝的万能，理性本身成为宗教的代替物。这种独断的理性所建构的哲学体系，是一种抽象的凌驾于现实生活之上的思辨的形而上学，人成为这个体系中的一个环节，成为"人的理念"的外化

---

①　《马克思恩格斯选集》第 3 卷，第 355 页。

形式，成为理性必然控制下的机器。人的一切活动都可通过理性，用数学、力学公式加以证明。灵肉二分，主客二分，人消解于理性崇拜之中，人性重新戴上了枷锁，走向了自己本身目的的反面。近代哲学史告诉我们，形而上学的认识论完不成求知求真的任务，康德对此作了最好的解释。

然而，在近代教育理念中，以自然科学（求知、求真）与启示神学（求德、求善）的分野为标志，理性与宗教、蒙昧与科学、神学与哲学、迷信与进步尖锐地对立起来。神和上帝仍是近代哲学家们构造知识论形而上学体系的必需品，笛卡儿，斯宾诺莎、莱布尼茨的体系也都保留上帝的地盘。笛卡儿只能用上帝作知识论演绎系统的前提，来保证知识的可靠性和真实性，来沟通灵魂与肉体。

要言之，文艺复兴和启蒙运动之后对科技理性的知识信念取代了一切超越人类理性的力量和对象的价值信仰。"知识就是力量"是一种人类理性胜利的价值观。它表明知识的进步和文化的成熟。但是不可否认的是，它同时也确立了人类自我发明和创造真理的绝对权威，人类把信仰的对象由外在超越转向内在创造发明的同时，也丧失了对自然、精神、意义的原始冲动，宗教文化信仰被嗤之以鼻，知识真理的信念被人为抬高。

现代教育的哲学背景和理念基础是实证主义的。实证主义在反形而上学的口号下并没有改变知识论的立场，相反地，随着哲学的"语言学转向"，分析哲学更把知识论真理观推到了极端。用一种严格的语言（逻辑）分析方法来揭示科学表述与经验事实之间的一致，建构二者之间的逻辑同构关系，保证命题的"真"及知识的确实可靠性，成了追求科学的当代哲学的根本任务。它所确定的科学真理在人类知识中的中心地位，极大地推动了科学的发展。现代科学的发展及其文明成果，无不和知识论真理观联系在一起。但是，在推动科学不断发展的同时，追求所谓普遍、本质的知识和"科学真理"的现代哲学，使真理远离了人们的日常生活。结果，哲学越成为"科学的"和"严格的"，它与文化的其他领域的关系就越少。知识论真理观强调真理作为精确表象外部世界的知识，它追求的与价值无涉的所谓客观性，实际上倡导了一种非人性的理性。它使哲学在所谓"价值中立"的口号下，用逻辑的和科学的客观性排斥文化价值的个性和特殊性。这不仅导致了科学和价值的对立和工具理性主义的泛滥，也导致了科学和理性对人类生活的专制。

总之，信仰与知识的分离，标志着西方基督教文化的衰落。在康德看来，形而上学的基础不是知识的，而是信念的，即道德和宗教。他对传统形而上学的批判，对怀疑论的批判，对神秘主义的批判，都体现着他的一个基本的哲学意图：把知识的对象和信仰的对象分开，把知识与信仰区分开来。他试图重新通过对理性的批判考察，对以"我思"（"主体—客体"关系之确立）为基础的知识论加以限定。康德对知识论形而上学的批评，对知识范围的界定以使信仰有其独立的地位，认为实践理性优于理论理性，所有这些在很大程度上是对近代启蒙精神的纠正。康德虽然尊重知性、尊重科学知识，但他同时也意识到了，以"知识万能"为信条的知性主义是有很大局限性的，把科学和宗教、科学和道德分开，划清知识与信仰的界限，认为科学与宗教、科学与道德分属于两个领域，科学属于"思辨理性"，道德属于"实践理性"，"实践理性"高于"思辨理性"。这就把科学和信仰、知识和道德区别开来。康德通过对理性的"批判"，不但意欲排除理性的误用，而且要给信仰留下地盘，通过"信仰"保留一个不同于现象世界的符合本质、理想的"彼岸世界"。

有的信仰取人格神的、外在追求的形式，有的信仰取心灵境界的、内在追求的形式。近代以降，信仰被推到理性的法庭上遭到审判，上帝被宣布"死了"，信仰似乎要退出历史舞台了。信仰失去了实在论的意义而被内化为人的精神追求。但是，不管信仰采取何种形式，我们仍然可以看到它们的一个共同点，那就是它们都确认着，人生的问题除了涉及认知问题，还涉及情感与意志和由情感与意志体认的价值问题；人生的这些问题不可以在经验知识与经验个我的范围内求得解决；人总会意识到他的存在并不拘限于他的肉身上与他所知的世界中，而总在希望有所超越，以至于建立起一种具有先验意义的超越追求。否定了信仰对于社会与人生的重要性，失去信仰，心灵深处没有了根底，人生失去了目标，个人建立不起自我。人们的追求都是极其现世、当下的，康德既要拯救理性哲学，又要拯救宗教信仰，他并不否定真正的信仰，不否定理性的深度价值追求。在康德看来，科学只能是知识而不能形成信仰，知性的思维只是一种以有条件的、相对的东西为对象的思维，只能提供有相对意义的原理（规则），而理性的思维是一种以无条件的、绝对的东西为对象的思维，能够产生具有绝对意义的原理，两者必须结合起来，才能产生完整的知识、完整的经验科学，反对把信仰建立在神秘的、特殊的因而是不能普遍传达的宗教经验的基础上，试图让信仰奠基在人们对道德律的普遍遵从之上，为真正的宗教奠立一个真实的基础。

## 二 教育的实用化与理想信仰的失落

教育的目的是以知识教化人。在古希腊，知识蕴含着人生的意义，苏格拉底认为教育的目的是要人们"认识你自己"，是通过审视人自身的心灵的途径研究自然。中世纪是信仰的时代，认识上帝也就认识了自己，教育获得了其严格的形式，也催发了欧洲大学的建制。到了近现代，知识和信仰、真理和意义分离，教育内容随之发生了变化。真理性的知识就是对各门科学的分解性认识，拥有知识就是拥有对客观世界某一部分的认识，就是关于某物的认识。一方面知识越来越专业化，教育的场景越来越规模化，教育对象像产品一样被加工出来。另一方面在追求所谓科学性和客观性的实证主义思潮推动下，过度膨胀的知识论倾向使人的绝对之域的信仰被窒息，既不在心灵内部，也不在公共领域，人面对自己的日常生活感到十分陌生。教育理念不再培养具有理想和信仰的人，而是应付和修理自己知识所造成的现实世界。

科学主义的知识观，对教育的影响非常深远。在科学主义思想的冲击下，教育所培养的主体，成为不折不扣的"科学主体"或客观的标准化主体。科学主义在摧毁了人文主义之后，便在人类生活中扮演主角，由此使教育课程也成了科学主义横行天下的大舞台。"科学知识最有价值！"正是这个解释，使教育课程完全陷入到功利主义的陷阱中，教学功利主义首先表现在知识价值观上，即学校课堂开设的课程是以"科学科目"为主干科目的课程体系。这样，教育课程上的偏差所造就的只能是片面发展的个体，当然也就谈不上和谐发展和个性自由发展了。

哈贝马斯把现代性看作是一种新的社会知识的时代，它用新的模式和标准取代中世纪已经分崩离析的模式和标准。在这种新的时代意识的支配下，逐渐形成了一种注重现代的精神气质，从而把人类社会历史看作是不断理性化的过程。我们认为，信仰、理性和知识的共时互补关系是建构公民人格的基本要素，但如果只强调知识或理性而排斥信仰和德性，就会导致理性主义泛滥。今天，理性主义、个人主义、进步的历史观念成为现代教育的核心内容。在日常生活领域，理性主义恢复了人性的尊严，理性与科学使宗教失去了神圣的光圈，使信仰从天上回到人间，使人性高于神性，证明了世俗化生活方式的合理性；在经济生活中，理性主义建立了科学的工业生产体系和创新的市场经济体制；在社会关系领域，理性主义导致了以效率为中心的科学管理制度和合乎理性的现代法律制度。从现代性的意义上来考察，科学革命是人类思考方式和求知方式的变革，是对科学、知识的重新定位，它标志着科学战胜了神学。更为重要的是，科学革命直接预示和推动着日后科学的更大发现和知识的进步，肇始于西方、并已席卷全球的现代性运动，经过约四百年的演变之后逐渐显露出它趋于完成的变迁路径与演进轨迹。当现代性臻于成熟之时，也是它失去目标和方向之时。现代社会是理性社会，这几乎已经成了一个共识。康德说道：我们相信存在着至高的伟大雍智的秩序创造者（上帝），只是因为我们看见这个世界上处处显现着奇妙的和谐、美丽与先定的关照。康德所担心的"知识"压抑了"信仰"，后来转而成为韦伯所担心的"工具理性"淹没了"价值理性"。无论康德对知识与信仰的关系持何种态度，但正如阿伦特所说：康德其实未能挽救信仰，而是挽救了思想；他其实未能推拒知识，而是把知识从意义那里分离了出来。但他仍然相信：在知识的极限处，我们获得信仰。无论布伯还是哈贝马斯，其对话的归宿点就是通过（与人）对话获得知识，通过（与神）对话保持信仰。

信仰危机成为一种现代性现象，现代理性主义对知识普遍性的确认和吁求及对真理特性的描述，恰恰构成了对现代信仰的巨大挑战。信仰本质上是一个生活价值的导向问题，之所以不可或缺主要因为它构成了人类文化本身和文化生活的重要内容。事实上，近代以来，西方知识文化中日益强烈和激进的实证主义给西方文化打上了知识权威主义和唯科学主义的印记。以这种唯科学之一的知识观为教育内容而塑造的现代人，缺乏对自然世界的正视，不可能形成一种健全的世界观；缺乏对文化他者的重视和尊重，很难建立一个健全的社会历史观和人道主义；而缺少对人的心灵世界的尊重，再强力的知识信念也难以关照人类自身的文化价值生活，尤其是艺术的、宗教的和道德的生活。现代经济理性是人人内在的价值追求，现代经济人的"算计理性"加速了现代社会的"碎片化"。在现代社会，启蒙运动中断了超越性的道德源泉，而理性化的现代性又无力提供这种价值源泉；人的现实关怀取代了人的终极关怀，而现实关怀又呈现为一种多元的离散状态，相对主义大行其势，这种情形体现了信仰的真空状态，反映了现代人寻求精神家园的困惑。虽然不能要求现代教育为现代道德文化危机与意义危机负全部责任，但现代教育也不能对此漠然视之。现代教育的难题也因此在于：超越性的价值源头消解之后，现代人在合理地建构社会制度结构的同时，是否能并何以能重建人的心性结构？是否能并何以能重建人的精神家园与意义世界？

通过现代教育的体制设计，知识分子逐渐被整合进现代驯化制度之中，构成了现代性的有机组成部分；同时又被分化和区分为不同的类型，以适应多元化的现代生活，发挥着各自的价值和优势。在这一分化与整合的过程中，知识分子获得了自己的身份和地位，在塑造现代性的过程中塑造了自身。知识与知识分子的根本精神，就是与真理和正义的关联，知识是对真理的揭示和阐释，而知识分子是真理和正义的守护者。知识的真理性与科学性，不过是现代权力的隐蔽机制，是现代权力实施其无所不在的隐匿统治的手段。进一步说，通过现代大学驯化制度，通过科学实验和实验室，通过各种认证机构，真理的生产被制度化了。这又使那种保障现代权力运作所需要的知识、技术和真理得以连续不断地被生产出来。这就使知识分子处在真理与权力、正义与利益的强大张力之下。现代知识分子总是担负着批判和建设的双重任务，知识分子加深了对自己的怀疑，改变了自己某些事物的看法，这并不可悲，可悲的是他放弃了怀疑的态度。坚持真理本身可以形成一种品格，但知识分子世俗化的过程使其进一步远离神圣，专注于实证知识的工具性探讨，丧失了批判所具有的超越性。在西方世俗化和现代化的进程中，知识与权力沆瀣一气，一步步沦为同谋者。

面对现代教育的状况，舍勒认为必须对作为教育内容的知识重新划分。在他看来，一方面，获救型知识被逐出课程体系后，个体实体的存在放弃了安身立命的情感依托。另一方面，没有获救型知识参与，本质—教养型知识（哲学）就成为个体通向绝对精神的必由之路，成为没有个体情感参与的无本之木、无源之水。本来，统治—事功型知识受个体的获救型知识支配，但是在没有获救型知识参与的情况下，统治—事功型知识反而成为主宰主体灵魂的知识。学校越来越成为"游戏"的场所，教师越来越放弃道德教育责任；道德教育既必要，却又不可能。这是西方一些经济发达国家 20 世纪 60 年代以后出现的"吊诡"现象。英国学者曼德斯教授称之为"去道德化的教育"。可见，纯科学和纯科学教育所培育出来的人是一个有能力的人而不是一个有美德的人。今天所有的人都已经明白，纯科学的时代已经走到了尽头，精神空虚威胁着人类社会，因此而成为一片空白。教育如果是纯科学式的，那么教育的教化结果就只是工具性的人而已。会使人远离美丽，并使人与智慧分道扬镳。

反思一个多世纪以来的教育，可以看到，教育成了一种在工具理性操纵下的功利主义教育。一方面是教育的手段、方法、环境、条件更加先进和舒适，远程教育、多媒体教育便是明证；另一方面，教育仍然在不遗余力地在追逐、适应传授和表达着"何以生存"的技术吁求。学校教育已经完全失去了他的批判和反思功能，面对社会失序和人心浮躁丧失了解释能力，迷失了它的终极目标，甚至沦为和社会现象共谋世俗化，如雅斯贝尔斯所谓的"失真"教育，即失去其本真意义的教育。

然而，世俗化的人又需要理想信仰才能活下去，人类精神不可能永远处于无家可归的流浪状态。无论是尼采的"上帝之死"还是福柯的"人之死"，都在批判性意义上蕴含着对信仰的吁求。其实，康德早就指明：精神虽然是一个明显的事实，但在本质上绝不是一个科学的问题，而是一切科学必须作为前提来假定的、最高的也是唯一的谜（自在之物），科学只能思考到它，而不能解决它。

教育涉及培养什么样的人的问题。教育应为现代人塑造"终极关怀"的意义，本真教育是怎样做人的教育，是寻求人生意义的教育，是人性的教育。人的意义世界实质上是人的存在方式，它表征着人的生存状态，人对意义世界的建构是通过信仰、德性和理性等知识共同达成的。人的意义世界的建构是一种教化，面对纷繁的意义世界，人只有通过不断地反省和扬弃自我，具有追求终极意义的勇气，才能栖居在意义的家园里。本真教育是一种意义和价值的教育，日本著名思想家池田大作说："现代教育陷入了功利主义，这是可悲的事情，这种风气带来了两个弊端：一是学问成了政治和经济的工具，失掉了本来应有的主动性，因而也失掉了尊严性；另一个是认为唯有实利的知识和技术才有价值，所以做这种学问的人都成了知识和技术的奴隶。"①本真的教育在人们对所谓教育本质的追逐中，对方法的推崇中，被放逐被拒斥。同时，教育世界中活生生的、本源性的人也湮没在"概念的游戏"中。

在中国的现代化过程中，应试教育不仅培养了一批高分低能的专业人才，更为严重的是把成人的道路划定在名利场中，在名利场中人们展开一场旷日持久的升学厮杀。掌握科学知识就是人才。美德教育严重荒芜，知识与美德不再有任何瓜葛。就课程而言，自然科学科目在我国教育课程中所占的比例越来越大，数学、物理、化学、生物、生理卫生、计算机语言及应用等科目成为学校教学中最受重视的学科，而历史、宗教、地理、文学艺

---

① 转引自周庆元：《中学语文教育心理研究》，湖南师范大学出版社1999年版，第176页。

术、音乐、绘画等学科却越来越受到轻视。

教育失真必然导致意义的失落。意义本身可以有认知、评价（如道德、审美）、语言分析等多方面的涵义，这里所谓的"意义"是对生命价值的困惑、反思和追问，儒学中的心性本体论，现代西方哲学中海德格尔的"此在"形而上学，都是典型的意义本体论。前者昭示存在的实践智慧，后者表明在"上帝退隐"之后，作为个体的人必须自己担负起自己的存在。它所关注的是人的存在本身，着力于对意义之本、价值之源的探究和建构。中国传统儒学中的心性本体论，是一个具有独特意蕴的哲学范畴，哲学在其深层意义上，就是对存在意义、生活价值问题的一种深彻的理性反思。

世界蕴涵着信仰之维，人类的实践就是创造生存意义的活动，真正的教育应该担当起对人类生存意义的总体性阐释功能。信仰在整个意义世界中处于至高无上的地位，人的存在从来就不是纯粹的存在，它总是牵涉到意义。意义的向度是做人所固有的，人可能创造意义，也可能破坏意义，但他不能脱离意义而生存。人对生活世界无法逃遁迫使人们重新面对熟悉的生活世界，摆脱陌生感，确立价值取向，建构意义世界。意义的建构与澄明，使人获得了自己存在的理由、依据，使人的生命及其活动具有形而上的意味。终极价值目标，是一个永恒的许诺和召唤，意义世界是人的精神家园、精神慰藉、精神依归和精神支撑。意义世界，是支撑人在现实世界中安身立命、生活实践的价值理念系统，是一个超越性的意义世界。

然而，科学不能回答生活意义的问题。意义危机和意义失落似乎已成为时代的主要症候。巴雷特指出："没有哪个时代曾有过像我们的时代这样的自我意识——我们所拥有的关于外部世界事实的记录，已经绰绰有余……但是对于内心世界事实——即在我们命运的诸力量最初显示其自身的那个中心发生着什么——我们仍然一无所知。"① 知识与信仰的分离、社会的深刻转型以及人的存在方式的改变带来的新的精神迷茫，信仰的失落是当代西方和东方共同的感受。帕斯卡尔早在近代之初就已经发现了这种生存感受："我们想抓住某一点把自己固定下来，可是它却荡漾着离开了我们；如果我们追寻它，它就会躲开我们的掌握，滑开我们而逃入于一场永恒的逃遁。没有任何东西可以为我们停留。这种状态对我们既是自然的但又是最违反我们心意的；我们燃烧着想要寻求一块坚固的基地与一个持久的最后的据点的愿望，以期在这上面建立起一座能上升到无穷的高塔；但是我们整个的基础破裂了，大地裂为深渊。"② 当代西方人在尼采对"上帝死亡了"的宣言中陷入了一种生命不堪承受之轻的信仰失落和无根的精神焦虑中。

当代中国的社会转型所导致的人的存在方式的深刻变革也同样伴随着精神的迷茫和信仰的缺失。面对社会转型而发生的教育转型在设计理念上沉湎于教学手段和教学课程的合理安排，而没有一种哲学或形而上层面的通盘思考。在社会转型过程中，文化、思想、价值观念所发生的多元碰撞，使社会成员必然面临信仰、信念的重新选择。当人们对自己原本持有的理想和价值观念产生怀疑甚至整个破灭，而新的理想信念却又尚未确立之时，信仰危机就会发生。市场经济的实践活动在把国人从对狭隘群体的习惯性依附和抽象的价值观念的盲从中解放出来的同时，又卷入世俗化的生活之中。传统文化中伦理性的终极关怀在对物的追求和依赖中受到消解，而曾有过的意识形态化的信仰误区则使人们厌倦和远离了"崇高"。但是"我不相信"难以掩盖人们对信仰

---

① 威廉·巴雷特：《非理性的人》，杨照明、艾平译，商务印书馆1999年版，第23页。

② 帕斯卡尔：《思想录》，何兆武译，商务印书馆1985年版，第33页。

的祈求和精神完整性的渴望，"怎么都行"也难以消解人们对生活终极意义的追问。一般来说，从社会角度看，信仰是一种与特定的社会历史环境紧密联系的"看不见的精神秩序"。因此，当现实与理想之间发生冲突，特别是现实与期望发生巨大反差时，当现代科学知识、思想观念与原有信仰内容之间产生矛盾、对立时，人们往往就会跌进失望与悲观的深渊，原有的理想、信念也随之崩塌，产生社会信仰的危机。从个人角度看，信仰与个体生存处境及其精神状态相关，当社会发生深刻而急速的变化时，个人将受到不同程度的冲击与震荡，许多问题不可预料或一时寻找不到确定的答案，迷茫和困惑的产生便在所难免，人的痛苦是他们还没有发现生命对自己的意义何在，在此意义上，信仰危机作为一种精神现象，是个人生命价值追寻中的迷失。美国学者丹尼尔·贝尔曾提出："现代主义的真正问题是信仰问题。用不时兴的语言来说，它就是一种精神危机。"①

无论是社会还是个体，没有信仰是不可想象的。哈维尔指出，没有信仰的人只关心可能的舒适，尽可能无痛苦地过日子，除此之外他们对一切都麻木不仁。只有那些在内心深处存在信仰的人才能看清事物的真相（或者不如说他们的内心向真实敞开了），他不会以这样或那样的方式扭曲真相，因为他没有这样做的个人或情绪上的理由。寻求和重建信仰，成为当代中国教育必须关注的重大课题。

## 三　信仰教育与责任承担

人类需要重建信仰，知识需要信仰支撑，道德需要信仰牵

---

　　①　丹尼尔·贝尔：《资本主义文化矛盾》，赵一凡等译，三联书店1989年版，第74页。

引！意义的追寻亟待信仰教育，现代教育应该承担起信仰重建与意义寻求的使命。

何谓信仰？信仰是对非实证事物的坚信态度，即人们对某种事物极度信服和尊重，并以之作为支配自己言行的准则。《简明不列颠百科全书》认为，信仰是"指在无充分的理智认识足以保证一个命题为真实的情况下，就对它予以接受或同意的一种心理状态。信仰显然是一种由内省产生的现象，它或者是一种智力的判断，或者……是一种特殊感觉。信仰因其肯定的程度不同而有所差别。如：推测、意见或坚信。只有在对信仰者来说一个命题显然是真的时，信仰才能变成知识"①。《汉语大词典》认为，"信仰是对某种主张、主义、宗教或某人极度相信和尊敬，拿来作为自己行动的指南或榜样。"② 上述两个定义虽不尽相同，但都揭示了信仰是一种对非实证事物的坚信的心理状态。当然，并非对任何事物的坚信态度都可以称之为信仰，在科学活动中通过观察、实验获得许多直接的经验知识材料和通过逻辑推理导出的许多科学结论，人们作为科学真理来接受这些实证知识，是一种理性的相信态度而不属于信仰态度。

我们认为，信仰是一种完全不诉求于逻辑合理性而仅凭情感的托付所生出的对非实证事物的"虔信"。信仰可以从类型上分为宗教信仰和非宗教信仰，但其共同特点都是对非实证事物的虔信。在中国谈论信仰教育是一个困难而危险的话题，这里的关键是如何理解科学与宗教的关系。一般认为，宗教是笃信、崇拜超自然神灵的社会意识形态，是人们对超验的精神本体的理解和追求，主要源于人类对大自然的敬畏和崇拜。的确，在人类文明的发展过程中，宗教与科学既相互矛盾、相互冲突，又相互独立、

---

① 《简明不列颠百科全书》(8)，中国大百科全书出版社1986年版，第659页。
② 《汉语大词典》，上海辞书出版社1968年版，第1417页。

相互促进。宗教既对人类文明的进程起过重要的作用，也出现过布鲁诺被烧死在罗马的鲜花广场的情景等等。一提起宗教，人们会想起恩格斯曾说过：一切宗教不过是支配着人们日常生活的外部力量在人们头脑中的虚幻的反映，在这种反映中，人间的力量采取了超人间的力量的形式。由此，人们在思想观念上总是把宗教与迷信等同起来，或者把宗教信仰的执著性、坚定性和迷信的盲目性、杂乱性相提并论，从而认为宗教与科学是对立的、水火不容的、势不两立的；或者认为宗教是人类认识不发达的产物，随着科技的发展以及科技作用的日益增强，宗教作为一种社会现象一定会逐步退出历史舞台；或者把马克思的"宗教是人类精神的鸦片"当作宗教的本质来理解，忽视了马克思提出这一观点时的历史文化背景，误把宗教的作用当成宗教的本质。实际上，当代世界各个民族的生活实践表明，宗教并不是一种轻易可以消亡的现象，在一定的历史和社会条件下，宗教势力和影响不但不会减弱，反而会有所加强和发展。"据统计，在科技迅猛发展的今天，全世界信仰宗教的人不但没有减少，反而越来越多，已经占到了80%以上的水平。同时，一些宗教信徒本身也在热衷于科学探讨，其中的一些科学家照样也能作出重大的科学发现、推动科技的进步。"①

　　科学与宗教是有区别的。科学以对客观对象的真实性把握为目的，它必然要求在思想上遵守逻辑规则，重视思维活动的客观性和合理性，强调概念和命题的可证实性或可证伪性；而宗教则把从精神上摆脱因自身的有限性而带来的烦恼和痛苦作为目的，它必然以对无限绝对的神的信仰为基础，诉诸人的直觉和顿悟，依赖人的情感体验，其思想是非逻辑的，其概念和命题也不具有

---

　　① 夏从亚："让信仰与理性各得其所——重新审视科学与宗教的关系"，《石油大学学报》2003年第4期。

可证实性或可证伪性。

　　科学与信仰也并非绝对的互不相容。爱因斯坦曾经站在科学的立场上以一个科学家的视角讨论了信仰与科学的相容问题。他认为，宗教经历了从原始的"恐惧宗教"到文明人的"道德宗教"的发展。在这两个宗教经验阶段中，宗教信仰的一个共同特点就是"它们的上帝概念的拟人化的特征"。爱因斯坦提出了宗教发展的第三个也是更高的发展阶段——"宇宙宗教"。他认为，"宇宙宗教"是对恐惧宗教和道德宗教的超越与提升，普遍存在于科学家中间的"宇宙宗教感情"作为一种科学信仰，体现了宗教信仰的最高境界，代表了宗教的根本目标。"宇宙宗教"是无神宗教，这种信仰的一个突出特点就是不提出任何关于神或上帝的明确观念，从而没有拟人化的上帝概念同它相对应。① 爱因斯坦认为，科学和宗教实现融合与和解的条件是随着宗教境界的不断提高而逐步淡化人格神的观念。通过科学鼓励人们根据因果关系来思考和观察事物，能够削弱世上流行的迷信；通过科学不断揭示规律性和因果性，把人格化的上帝一步步排挤到未知领域；即使从道德角度看，以人格化的上帝为核心的宗教基础也是不需要的，"一个人的伦理行为应当有效地建立在同情心、教育以及社会联系和社会需要上；而宗教基础则是没有必要的。如果一个人因为害怕死后受罚和希望死后得赏才来约束自己，那实在是太糟糕了"②。爱因斯坦认为，宗教与艺术和科学都是满足人的精神追求的"一条出路"，它们的根本目标都只在于追求高尚，使人的生活从单纯的生理存在中升华出来，把个人引向高度自由的境界。③ 宗教信仰的最高境界或者说是真正的宗

---

①　《爱因斯坦文集》第1卷，商务印书馆1976年版，第280页。

②　同上书，第282页。

③　《爱因斯坦文集》第3卷，商务印书馆1976年版，第149页。

教感情，不应停留在对生死的恐惧和对神的盲目崇拜上，只应在于最大限度地把个人从自私欲望中解放出来，而全神贯注于那些超个人价值。

爱因斯坦认为，在科学家们的内心深处普遍存在着一种类似"宇宙宗教感情"的科学信仰，它构成了科学探索的动力和动机。这种"宇宙宗教感情"内含三个基本信念：第一个基本信念是"相信有一个离开知觉主体而独立的外在世界"①。这个信念是一切自然科学的基础，通过对这个"离开我们人类而独立存在"的世界凝视深思而得到解放，找到了内心的自由和安宁。第二个基本信念是对"客观世界的规律性"（合理性、因果性、秩序、和谐）的深挚信念。②普通人的宗教感情一般都是对恩威的神的崇拜，科学家则是对"普遍的因果关系"坚信不疑，是"对自然规律的和谐"感到狂喜和惊奇。第三个基本信念是对世界及其规律的可知性（可认识、可理解性）的坚定信念。③即关于世界的合理性或者可理解性的信念，相信世界秩序是可认识的信念，是一切科学工作的基础。在爱因斯坦看来，所谓完全实证的科学，其实只是一种假象。实际上，实证成分在科学中所占的比重是很小的，在科学理论的每一个环节里都可以分析出大量的非实证因素，没有对这些因素的信仰，科学的确就寸步难行。

爱因斯坦也许在宗教和科学的趋和中发现了宗教消亡的一个可能的途径，即宗教消亡于升华。④爱因斯坦对宗教和科学关系的论述给我们重新理解宗教提供了一个新的纬度，但要指出的

---

① 《爱因斯坦文集》第3卷，商务印书馆1976年版，第383页。
② 《爱因斯坦文集》第1卷，商务印书馆1976年版，第283—284页。
③ 同上书，第244页。
④ 李振伦："科学信仰与无神宗教：爱因斯坦的宗教观解读"，《河北学刊》2003年第6期。

是，从科学研究的角度理解宗教的立场并不是唯一的立场，或者说，人作为科学研究的主体永远只是一小部分。马克思指出："人不仅仅是自然存在物，而且是人的自然存在物。"① 人不仅是自然性的生命存活，在更根本的意义上，人的存在意味着创造性的生活，他不断超越自身的有限性并向未来开辟出各种可能性，以求达到无限和自由的境界。在这个意义上说，人是无限的，总是生活在"远方"，生活在"未来"，如歌德所言：生活在理想世界，也就是要把不可能的东西当作仿佛可能的东西来对待。正是对理想世界的绝对指向性和对无限境界的不可遏止的渴望，成为人超越自身现实境遇的强大动力。

人的超越性是人的信仰生成的内在根据。对无限性的觉知，对内在超越的渴望，把人引上了信仰之路。信仰源自于人的超越性，信仰作为超越活动的重要特征就在于它的终极性。信仰的终极性既不是指时间意义上的"最后"或"最初"，也不是指功用意义上的"最大"和"最高"。"终极"之为"终极"是指信仰的"无限"和"不可超越"。作为不可超越的超越，信仰所指向的不是别的，正是人存在的意义。人无法忍受无意义的生活，人的生活需要意义的支撑。人的生活的意义不等于具体的欲望和需要的满足，因为人可以凭借具体的超越活动去满足具体的欲望和需要，在一定意义上，这些欲望和需要都是可以"解决"的，可以"超越"的，但唯一不可"解决"和"超越"的便是人自身存在的意义。

人存在的意义在对"死亡"这一严峻生存事实的意识中得到凸显。"死亡"作为人自觉到的归宿，既是人人不可避免的，也是他人不可代替的，具有必然性和本己性。在死亡面前，一切俗常的价值都毫无例外的受到消解，生活的本真意义遭到不可遏

---

① 马克思：《1844 年经济学哲学手稿》，人民出版社 2000 年版，第 107 页。

止的追问。于是，向"死"而思，在面向死亡的思考中求解人生意义的答案，在超越现实的形上追问中寻求可靠的精神支撑，成为人的终极的关怀。信仰正是一种对人的生活意义的超越性的终极关怀。作为超越性的终极关怀。信仰以信赖和信奉为根基，但又不仅仅停留于信赖和信奉。信仰所构成的世界是一个神圣的意义世界，是一个理想的精神家园。在这一世界中，人的生活获得了自明性的前提和根据，具有了强烈的价值归属感和明确的方向感。

作为植根于人性的终极关怀，信仰的方式在于它不诉求逻辑论证。唯其不求诉于逻辑，信仰常能赋予人们超越此岸世界的力量，即所谓的"使命感"和"道德力量"。信仰是人认识和改造世界的重要精神支柱，人若无或失去信念、信仰，也就失去了精神家园，失去了奋斗目标，失去了人的终极关怀或精神理想。信仰是对某种终极价值的关怀，即终极关怀。终极关怀不仅探讨宇宙的本原，探询万事万物的根源，而且寻找人生最高价值之所在。信仰体现了人类对其自身存在和发展之意义和价值的终极关怀。信仰的功能在于它通过使人相信在某种神圣的帷幕之后可能存在着一个有意义的地方，从而以此信仰去弥补人类及其社会本身的缺陷和不足，并为人安置了一个崇高而又神秘的精神生活的空间，为人勇敢地生活下去提供勇气，为人提供必需的精神支柱和行动指南。

一个社会之走向衰败往往表现于丧失信仰。历史地看，对人类精神文化产生最深刻影响的，恰恰不是某种关于外在世界的"客观知识"，而是内在之思想信仰。有的信仰取人格神的、外在追求的形式，有的信仰取心灵境界的、内在追求的形式。信仰铸造了每一个民族的魂。信仰的超越性和它的绝对意义，是对每个信仰主体的情感体验与心灵境界而言的，是指的信仰主体一旦认同某种信念后之义无反顾与不受限定性，在这种义无反顾的追寻中个人才会获得生活的意义。

面对科学高度发达、人的价值问题日益突出的现代社会生活的挑战。当人类日益解决着物质生存问题的时候，摆脱精神世界的苦恼、孤独的问题日益突出，人生的意义则在更高的水平上提了出来，这是科学和意识形态不能从根本上解决的问题。这是因为，对生存意义这个终极问题不能运用知性因果关系来给予科学的解答。意义世界显示着人对外界和自身的理解，海德格尔认为人正是在询问他自己和这个世界上其他存在者之存在的意义的过程中，才真正理解了自己的存在根据及其意义。对意义的追寻，对人的生命和世界的根本意义的理解和阐释。这样一种意义家园，它不是经验事实的对象，只是以情感为基础、以信仰作支撑、通过超逻辑的理性直观去感悟的精神支柱。它也可能永远不会存在于现实，但作为情感、愿望、理想性存在，却又实实在在引导人们超越不完善的现实。

主体一旦确立某一信仰，就会产生强烈的实践意识，就会为之进行不懈的努力，重建信仰首先要重振现代人的价值信仰。在传统社会中信仰本身是一件宗教事件，在现代社会里，宗教本身已被边缘化，不再具有普遍有效性和正当的合法接受方式，但这并不意味着人们不需要信仰，恰恰是人们太需要信仰。马克斯·韦伯指出，科学虽然可以使人"头脑清明"，却无法为人生提供意义。科学在解构已有的价值本体之后，却无法、同时也拒绝对人生的意义作出任何说明。在"上帝退隐"、本体消解的后形而上学时代，如何遏制社会生活日益严重的表面化、平面化趋势，如何规避存在的"无根化"所带来的虚无感和荒谬感，如何防止生命的物化和堕落，恢复生命的庄严和神圣，如何保持对存在本身的敬畏？这一切构成了现代教育必须关注信仰问题并追寻意义的基本要求和基本理由。

追寻意义就是寻求真理。人必须面对孤独、焦虑、痛苦和恐惧，必须面对未解之谜。由于经验知识不能提供答案，人们只能从情感需要出发，以信仰、超验方式，规设某种永恒的世界图式，点画人在其中的位置以及通往不朽的途径，以便宽释心灵的忧惧，鼓励人在现世的一切有益的追求，避免沦为冲动的奴隶。对人生意义的追问，即人对存在的终极方向、意义的关切和确认就构成了"终极关怀"。

现代教育必须担当起重建信仰、寻求意义的任务，即信仰教育。信仰教育是一个不容置疑的问题。在具有浓郁宗教氛围的西方，皈依上帝、信仰基督历来就被看作人之为人的基本条件。一个没有宗教信仰的人，会被视为一个没有道德责任的异教徒，会被列入另类直至从肉体上消灭。在中国，自汉武帝"罢黜百家，独尊儒术"之后，儒学被置于全民信仰的地位。随着社会生活的演进，信仰自由作为社会生活的基本内容纷纷被列入宪法，这就使信仰教育的合理性被提到议事日程之上。

信仰教育的内在根据源于人的未完成性。人与动物不同，动物是一个具有完成性的存在者，它的本能代表了全部属性，它被自然地决定了它的未来特性。对人来说，"与动物相反，没有什么本能来告诉他必须做什么"①。人的发展和他的本性，完全取决于后天的培养和塑造。约翰·希克指出："如果一个人生活在埃及、巴基斯坦或印度尼西亚的穆斯林家庭，那么他很可能成为一名穆斯林；如果一个人生活在中国—西藏、斯里兰卡或日本的佛教徒家庭，那么他很可能成为一名佛教徒；如果一个人生活在印度教徒家庭，那么他很可能成为一名印度教徒；如果一个人生活在墨西哥、波兰或意大利的基督徒家庭，那么他很可能成为一

---

① ［奥］维克多·弗兰克：《活出意义来》，赵可式等译，三联书店 1998 年版，第 275 页。

名天主教徒。"① 人的一切都是在这样一个特定的环境定向引导下形成的。人是社会的产物，人只有在不断地改变社会、塑造社会中才能塑造自身，使自己得以不断发展，成为一个现实的存在者，成为一个初具完成性的人。

信仰教育的内在根据还源于人的创造性。人作为未完成性的存在者，使他不能凭借自然本能应对自然、求得生存。他必须在后天的生活中创造自身、完成自身，以满足自身的需要。黑格尔指出，需要是自然不能满足的。"在这种情况下，人就必然凭自己的活动去满足他们的需求；他就必须把自然事物占领住，修改它、改变它，改变它的形状，用自己学习来的技能排除一切障碍，因此，把外在事物变成他的手段，来实现他的目的。"②

信仰教育的外在根据在于社会的外在性。社会的外在性首先是社会对人具有先在性。有生命的个体存在固然是社会存在的前提，但个体的存在一刻也离不开群体和社会，社会作为个体存在的条件，与自然一样对人具有先在性，任何具体的个人都只能是在既定的社会历史条件下存在和活动的。具体的个人必然首先接受一定社会历史条件所达到的既定的知识、观念，接受已有社会的信仰体系原则。其次，社会的外在性表现为人与社会的不可分性。现实的人总是离不开与之相联系的社会，社会包含着人类历史所积累的知识信仰体系。社会与人的不可分性外在地决定了人不可能脱离社会，只能首先接受已有的知识、观念、信仰体系，然后从事独立的社会生活实践，形成自觉的信仰。

现代教育不能只关注知识的学习，更应该关注信仰教育。许多学者对信仰教育及其模式进行有益的探讨，提出了信仰教育的

---

① ［英］约翰·希克：《信仰的彩虹——与宗教多元主义批评者的对话》，王志成、思竹译，江苏人民出版社1999年版，第9页。

② 黑格尔：《美学》第1卷，商务印书馆1981年版，第327页。

模式。①

1. 经验—习染模式。即在教育对象不受任何强制指向的作用中，通过社会环境的不断作用，在无意识状态中所完成其信仰的过程和方式，它通过所在环境的风俗礼仪、传统习惯，示范和感染着人，对人的信仰意识起到潜移默化的作用。人作为信仰主体在社会生活习染的过程中，不断接受吸纳社会文化并同化于社会文化的同时，也根据着自己生活经验的积累和社会情感的体验完成着内在的构建过程。但这一信仰教育模式主要依靠个体的经验—习染，因而它具有缺乏内在超越性、完成的缓慢性和目标的非定向性等缺陷。

2. 教育—督导模式。这是一种自觉地完成信仰的模式，它通过合理的、贯穿于人的整个一生的教育手段，以督促和引导人们完成信仰的过程，它在人尚不理解信仰为何物之时，社会就通过家庭、社区、教堂、学校等张开了一张大网对个体实施着信仰教化。它包括三个环节，一是理想的设置。信仰教育是如何做人的教育，其目标不是简单的教会人如何去适应生活，而是要教会人为何"应当"去生活，即以一种理想的人格塑造人，使人成为信仰中的理想的人。二是义理的论证。只有在义理的论证中，信仰才能获得可靠性，才能从理论上以理服人，增强对理想目标的信心。缺乏义理的论证，信仰只能靠强权征服，这就脱离了教育的根本。三是规范的引导。信仰教育作为一种目的教育，在规范之中，信仰才具约束力、才具明确的导向性。需要指出的是信仰教育不同于一般的知识技能教育，它是一种理想教育，因而与现实生活有着内在不一致性。"如果一个社会在道德教学中……教的是一套，社会上普遍行的又是一套，那么这个社会就会产生

---

① 任建东："信仰教育何以可能"，《现代大学教育》2002年第4期。

道德危机。"① 就是说信仰教育在与现实的脱节中就可能会破灭。但是如果信仰教育不是一种理想教育，不以提升和培养塑造人为目的，那只能取消信仰教育了。因而信仰教育与社会的改良只有通过意志与热情的凸显才能将这一过程完成。

3. 权威—强制模式。即通过社会权威的力量以高压强迫的方式使特定信仰观念转化为个体信仰的一种方式。在社会剧变之际，不同信仰的冲突与价值观念的冲撞是社会剧变在意识形态领域的反映，每当新的阶级集团和政治势力登上社会权威的宝座，都必然通过权威的力量强制推销其观念，这是保持社会稳态发展之使然。当代著名宗教哲学家尼布尔认为，工具价值只能作为道德的内在价值所实现的手段，它的价值在内在价值实现中才能体现。强制作为工具价值如果明显地服务于一种理性上可接受的社会目的，那么强制的使用就是合理的，即便是暴力也如此。"暴力能建立一套正义的社会制度，并且有可能保存这个制度，那么就完全没有伦理上的理由能够排除暴力和革命。"② 但是作为一个基督教神学家，他也提醒人们，强制本身是一种非常危险的工具，必须谨慎使用。首先，社会强制的使用必须符合社会理性和道德目的，强制只能是实现道德理想的工具；其次，强制的使用应该受到合理的控制，使其减少到最低限度；最后，强制在使用时应受公正法庭的监督，防止变为个人或群体谋其私利的工具。

信仰教育的目的是培养具有责任意识的公民。责任普遍存在于一切人的社会行为中，任何一种责任范畴的使用，都包含着伦理内涵。责任是个体分内应完成的事情，人格和责任是相互制约、依赖和联系的。因此，责任承担是一个伦理问题，它就是责

---

① 韦政通：《伦理思想的突破》，四川人民出版社1998年版，第192页。

② ［美］莱茵霍尔德·尼布尔：《道德的人与不道德的社会》，蒋庆等译，贵州人民出版社1998年版，第141—142页。

任伦理。责任伦理是一种与现代人所面临的特定价值处境相适应的价值立场，它为现代人如何阐释生命的意义、如何做出自己的价值抉择提供了方向。责任伦理首先意味着一种敢于承担一己之命运的自我承当精神，它要求我们为自己选择的信仰付出全部的忠诚和努力，它代表着一种既抛弃幻想，又拒斥苟且的坚韧、冷静而现实的人生态度和价值立场。其次，责任伦理意味着一种恪尽职守的"天职"意识，它要求我们把自己所从事的专业或职业活动视为一项超功利的事业，以一种真正超然的态度、超越的精神，通过勤勉敬业、尽忠奉献的工作，在入世的热诚中展现出世的情怀，做一个真正独立的、具有尊严的人，用朱光潜的话说，就是：以出世的胸襟，做入世的事业。

历代各国的教育理念设计中，都十分重视信仰教育并塑造承担责任的人。德国古典哲学创始人康德，把责任作为道德哲学的核心，他认为道德不可能在形下的经验世界和经验理性获得终极支撑，它来源于一个理性不能论证的超验的存在。这种先验的存在是信仰的对象，而信仰所解决的正是道德的基础问题，一切道德准则和规范，都毫无疑问地被植根于信仰的土壤之中。道德本身就是对功利的超越，道德人所追求的不是世俗的功利，而是人的尊严和人格的挺立，是生命的超越性的意义。道德的超验、形上之维为人的全部道德规范和道德活动提供终极根据和意义尺度，同时也是人的道德追求的终极目的和动力。形上的信仰也许不是好的思想态度，但绝对是好的生活态度；道德也许不需要上帝，但道德自身必须是上帝。一句话，道德的形上价值是道德生活的精神内核，是道德可能性的根本前提。

中国历来重视对年轻一代进行责任教育。孔子的"当仁不让"，孟子的"舍我其谁"，张载的"为天地立心，为生民立命，为往圣继绝学，为万世开太平"，顾炎武的"天下兴亡，匹夫有责"，李大钊的"铁肩担道义，妙手著文章"，无不显示着对国事民瘼的崇高责任感。人们之所以要承担责任和义务，关怀他人和社会，不仅仅是由于社会伦理规范的约束，更重要的是人们还把承担必要的伦理责任行为，看作是同时实现自我人生理想、承诺自身价值超越性的事件。追求无限和实现自我实际上是最高的价值信仰。

信仰教育与责任承担作为一种教育的一个必要的内容，要求我们重新审视道德教育赖以存在的哲学基础。在对未来世界的伦理期待中，学校德育将试图确立新的伦理信仰，从传递生活法则转向探寻生活真理，从守护生活秩序转向寻找未来理想，从现实秩序的解释者转变为未来世界的探险者和创造者。信仰和责任教育其实是人文精神的培养，意志品格和人格的养成，是真正的创新教育，是民族精神的养成。

# 第五章　教育与公民人格建构

教育的目的不仅是为了培养训练有素的、掌握科学知识的专家，并在某种世界图景的支配下运用技术去制服和控制自然，教育的根本目的是塑造一个以信仰、道德、法律为基本构成要素的公民，并由之构成一个公民社会。

## 一　现代公民社会的精神品格

近年来，公民社会（Civil Society）已经成了人们频繁使用，甚至是滥用的概念。何谓公民社会？在汉语学术界，Civil Society 一词有三个流行的译名，即"市民社会"、"公民社会"和"民间社会"；梁治平认为，"仔细分析其内容，人们会发现，这三个译名分别指明和强调了作为一种特定社会现实的'Civil Society'的不同侧面，这种情形本身则表明，不仅汉语世界里没有与 Civil Society 正相对应的概念，而且要在中国语境中找到 Civil Society 的对应物或者其恰当的表达也将困难重重"①。实际上，Civil Society 含义的变化纠缠着社会与政治的复杂关系。我们认为，依据社会与国家的"结合—分离"的演变关系，Civil Society 一词在不同阶段具有不同指称。

---

① 梁治平："'民间'、'民间社会'和 civil society——civil society 概念再检讨"，《云南大学学报》2003 年第 1 期。

　　Civil Society 的最初含义是政治社会意义上的"公民社会"。早在 14 世纪开始，欧洲人就开始使用 Civil Society 一词，其含义则是西塞罗在公元 1 世纪所赋予的，它不仅指单个国家，而且指达到城市文明的政治共同体的生活状况，在这一时期市民社会和政治社会是合二为一的。公元 17、18 世纪，当洛克、卢梭、孟德斯鸠等契约论思想家反对为专制王权提供理论依据的君权神授思想时，他们一般都将社会与 Civil Society 作同义词使用，而且这个社会一般指社会的政治活动即政治社会，与此相对应的则是自然状态或自然社会。总之，在古典 Civil Society 理论家那里，Civil Society 与政治社会经常是等同的。这一时期的"Civil Society"可以译为"公民社会"，它几乎是社会科学的主要学科如经济学、政治学、社会学、历史学、人类学共同讨论的题域。

　　18 世纪开始，Civil Society 指与政治社会相分离的独立于政治国家的"市民社会"。17 世纪随着欧洲近代民族国家的形成，专制国家开始由更大的社会中脱离出来，上升而成为一个可以说专门化的政治人物和政治功能高度集中的特殊领域。近代市民社会理论坚持政治国家与市民社会的两分法，强调市民社会系由非政治性的社会所组成。透过自由结社，整个社会能够自我建构和自我协调，它甚至能在很大程度上决定或者影响国家政策的形成。

　　这种近代意义上的市民社会概念主要是由黑格尔提出并由马克思加以完善的。黑格尔在其《法哲学原理》中全面论述了市民社会与政治国家的相互关系，他明确指出市民社会不同于政治国家，是一个处于家庭和国家的中间地带，"市民社会是处在家庭和国家之间的差别的阶段"。[①] 黑格尔的市民社会是由私人生活领域及其外部保障（包括警察、法院）构成的，它包括纯私

---

① 　黑格尔：《法哲学原理》，商务印书馆 1996 年版，第 197 页。

域（个人）与特殊公域（特殊的公共利益如同业公会等）。马克思吸收了黑格尔市民社会概念的合理内核，进一步完善了市民社会的概念。他认为市民社会乃是"私人利益的体系"或特殊的私人利益关系的总和，包括处在政治国家之外的社会生活一切领域或"非政治性的社会"。马克思的"私人利益体系"包括了经济关系的领域、社会关系的领域以及文化—意识形态关系的领域，由于在特殊的私人利益关系的总和中，经济关系具有决定性的意义，所以马克思就把它直接称为市民社会。这个时期，"市民社会"主要是经济学、政治学和社会学这三门注重研究普遍规律的社会科学研究的对象题域。

　　如果说近代市民社会理论是以政治国家与市民社会相分离的现实为出发点的话，那么二战以前的西方市民社会理论则是以经济系统与社会文化系统的分离为基础的，葛兰西、哈贝马斯等认为市民社会主要由社会和文化领域构成，强调它的社会整合功能和文化传播与再生产功能。哈贝马斯认为，国家与社会的分离不仅产生了非人格化的公共的国家权威，而且产生了个人在其中以私人身份追求其各自利益（首先是经济利益）的"私域"的社会。最初，这个以"私域"出现的社会只是统治的对象，但是逐渐地，通过私人之间的自由结社，通过对公众话题的讨论和对公共事务的关注和参与，一个超乎个人的"公共领域"便产生了。这时，这个社会不但发展出一种它自己独有的社会认同，而且开始在公共决策问题上产生影响。① 市民社会是一个独立于政治国家（公共权力领域）的"私人自治领域"，它包括私人领

---

① Habermas, Jurgen. *The Structural Transformation of the Public Sphere*, trans, by Thomas Burger, Camridge. The MIT Press, 1989. 需要注意的是，哈贝马斯在此分析的市民社会（burgerliche Gesellschaft）特指二战以前的西方社会。他用 Zivilgesellschaft（公民社会）描述二战之后的西方社会并取代了具有"布尔乔亚"特定意义的 burgerliche Gesellschaft（市民社会）。

域和公共领域。其中私人领域指由市场对生产过程加以调节的经济子系统，公共领域则指由非官方的民间组织或机构构成的私人有机体，它包括团体、俱乐部、党派、沙龙、报纸书籍等。公共领域实际上就是社会文化生活领域，它为人们提供了讨论和争论各种公共利益的场所和讲坛。以"文化、社会和人格"为基本要素的生活世界，构成了市民社会的基本内容，并为国家的合法性提供了基础。① 美国政治学家柯亨和阿拉托在《市民社会与政治理论》一书中认为，市民社会是"介于经济和国家之间的社会相互作用的一个领域，由私人的领域（特别是家庭）、团体的领域（特别是自愿性的团体）、社会运动及大众沟通形式组成"②。美国波士顿大学的亚当·赛里格曼认为，市民社会的核心问题就是解决公域与私域、个人与社会、公共伦理与个人利益、个人感情与公共关怀之间的或然性关系，即个人怎样在社会领域中追求自己的利益，以及个人或私人领域中怎样实现社会的善。公民社会的最根本问题就是：要么以私域的形式，要么根据共享的既存公共领域来规范建构社会的适当模式。③ 这个时期，在以探寻普遍规律为宗旨的社会科学内部也产生了分化，经济学主要以市场为研究对象，政治学主要以国家为研究对象，"市民社会"则主要成为社会学的研究题域。④

　　20 世纪 90 年代以来，中国的 Civil Society 问题，成为西方的中国问题研究中一个颇为流行同时也极有争议的话题。进入

---

①　方朝晖："市民社会与资本主义国家的合法性——论哈贝马斯的合法性学说"，《中国社会科学季刊》（中国香港）1993 年第 4 期。

②　Jean L. Cohen, Andrew Arato. *Civil Society Political Theory* Cambridge, Massachusetts/London: TheMIT Press, 1992. p. 9.

③　赛里格曼："信任与公民社会"，载《马克思主义与现实》2002 年第 5 期。

④　华勒斯坦：《开放社会科学》，刘锋译，三联书店 1997 年版，第 39—40 页。

21 世纪以来，中国学者开始从不同的角度来思考和讨论中国的 Civil Society 问题。本文认为，目前国内学术界对公民社会的讨论虽然有其学科视域的必要界线，但却存在着一个共同的特点，即把理论分析的视角定向于对"社会"的分析，而没有给予"公民"一词以必要的理论阐释。无论是作为经济学、政治学、社会学、历史学、人类学关注的、与政治国家结合为一的早期"公民社会"，还是作为划定社会学研究对象的"市民社会"，它们关注的重点都是"社会"。至于使"社会"得以区分的 Civil，在政治学、经济学或社会学那里，或者是指"私人生活领域"，或者是指"私人利益体系"，或者是指"由非官方的民间组织或机构构成的私人有机体"，但都没有涉及构成社会的"人"或"个人"。这就为我们从哲学和教育学的视角讨论"公民社会"提供了必要的学术空间。本文从教育哲学的视角所探究的"公民社会"一词，关注的重心是通过教育来塑造个体公民"人格"并构成一个理性而合理的公民社会。

我们从教育哲学的入思角度所讨论的"公民"，首先，不是古典 Civil Society 理论家所关注的政治国家及其受其一视同仁地看顾的"子民"，在这种古典的 Civil Society（公民社会）中，教育主要是以政治教育为主要形态而存在的。即教育实践活动主要是某个特定阶级为夺取和巩固政权，维护社会的稳定和促进社会发展，培养合格的接班人和社会成员而进行的社会教化，这种教化的目的是"使人们产生和坚持现存政治制度是社会的最适宜制度之信仰的能力"①。如此，教育便成为社会一般成员对政权的认同和形成归属意识的主要途径，而教育自身的合法性就要取决于政治权力的实际需要和现实社会政治条件的适应程度。

---

① 西摩·马丁·李普塞特：《政治人》，张绍宗译，上海人民出版社 1997 年版，第 55 页。

其次，从教育哲学的角度所讨论的"公民"，也不是市民社会中非官方的民间组织或机构构成的私人有机体。在这种 Civil Society（市民社会）中，教育主要是以知识教育为主要形态而存在的，即教育实践活动主要是传授某种实证科学的知识教育。知识教育的内容是科学文化知识，它使人类在征服自然、改造自然方面取得了巨大的成就，也有力地推动了社会的发展。在辉煌成就面前，人们对科学的态度逐渐从喜爱走向崇拜，以至于最后形成了科学的霸权，产生了把科学方法泛化的科学主义，并把科学的方法普遍地引向存在的各个领域，科学被确定为最完善的范式。"科学既是知识合理性的评判标准，又是知识合法性的衡量尺度，唯有进入科学之域，知识才有合理性并获得合法性。"[①]当科学的这种权威渗入实践领域时，便被具体化为科学万能的信念，并塑造了一个具有布尔乔亚特定意义的市民社会。

由于教育所具有的特殊性质，它不同于政治学、经济学、社会学作为一门学科具有确定的研究对象和边界界限，教育作为一种社会性的体制安排和有计划的活动，教育的内容可以涉及人类创造的一切学科领域，因而教育哲学所理解的"公民"和"公民社会"就不是任何一门或几门学科所确定的研究对象能够涵盖的，它们必须在一个更广泛的语意空间中才能得以澄清。

在教育哲学的分析框架中，首先应该辨析 Civil Society 中的 Civil 一词。在中国传统社会里，"民"的原始的基本含义之一是"人民"、"民众"，尤指与"官"相对的普通民众，通常也在与"军"相对的意义上使用。这种界分本身即暗含了某种区别性的空间观念，即"民间"，因而建构了一个具有空间含义的"民"的概念，令普通民众生活于其中的世界变得清晰可见。"正是在这样一个世界里，民众依其熟悉的方式过活，追求他们各自不同

---

① 杨国荣：《科学的形上之维》，上海人民出版社1999年版，第10页。

的利益，彼此结成这样或那样的社会组织，如宗族、行会、村社、宗教会社等。"① 它包含了西方 "Civil Society" 的基本要素：一个商品交换的市场，家庭的内部空间，中介性的社会组织，某种公众和公议的观念，以及一种不在政府直接控制之下的社会空间与秩序。但中国社会的"民间"显然不是 17 世纪以来在欧洲崛起的现代民族国家，这个"民间"的社会也不是那些在法律保护之下寻求各自利益满足的无数私人的聚合，毋宁说，它是建立在上面提到的各种社会组织、群体和联合基础之上的社会网络。

从教育哲学分析的角度，我们把"公民社会"和"公民"不仅看作是一个社会组织和这个社会组织的构成要素，而且同时看作是一种价值体系和精神品质。我们试图在全球化格局中以"公民社会"的精神品质和价值标准来审视我国传统的思想形态和社会形态，从而为现代教育如何建构现代"公民"提出教育理念上的指导。

从 18 世纪开始，西方的许多思想家包括卡尔·马克思在内就意识到，中国的思想形态和社会形态无法在西方的学理框架内得到流畅的描述，被笼而统之地称为"亚细亚生产方式"，这就是"亚洲"这个名字的由来。在傲慢的欧洲追求普遍世界的时代，亚细亚既不是世界的有效组成部分，也不揭示世界的意义。因为在这个欧洲中心主义的世界里，欧洲人把自己的世界观念当作世界本身去看待，只有被纳入到欧洲中心主义轨道上来的东西才有价值。但是，当今的情形完全不同了，随着全球化的到来，东西方已经深深地纠缠在一起，西方文明日深一日的扩张本性正在把属于欧洲人自己的命运转嫁为全人类的命运——全球化意味着西方文明的话语权在全球范围内得到承认和普。西方人所鼓

---

① 梁治平："'民间'、'民间社会'和 civil society——civil society 概念再检讨"，《云南大学学报》2003 年第 1 期。

吹的"全球化"亦即"全球的西方化"。

全球化的含义实际上意味着西方就是标准，全球化是西方的全球化，不是中国传统价值语系的全球化。无论我们怎样看重自己传统的价值，我们都不得不把这种价值放到西方的天平上称量，否则就没有实现自身价值的机会。哪里有危险，哪里就有救。我们越早介入西方的标准，中华传统价值存活的可能性就越大；我们越是犹豫不决，中华传统价值被毁弃的风险也就越大。这实际上就是西方文明的标准已在全球范围内被复制。你不复制它的价值标准，你就没有实现自己的价值的机会；你复制它的标准，则意味着它的标准在你的自觉的劳作中自然延伸，它不付出任何劳作就分享了你创造的价值。这就是"全球化＝西方化"之悖。

在二战之后，全球化时代欧美国家以"公民权"来表达公民社会的价值尺度和公共准则。凡是能体现公民权的社会制度就是现代制度，以公民权为基础的社会就是现代社会，以公民权为基本主张的政治就是现代政治。这个"Zivilgesellschaft"不仅包含了burgerliche Gesellschaft（市民社会，即英文的 Civil Society）全部品性，而且也融合了"正义"这个古老的希腊词的全部内容，并且在很大程度上吸收了希伯来人的律法精神。这个公民社会是依据契约精神组建的社会，所以，公民社会简单地说就是契约社会。

西方近代文明的形成主要是借助了两种力量：一个是技术，另一个是契约。技术是调整人与自然关系的手段，生产过程的技术解除了人对自然的依附，使作为类而存在着的人有能力在自然界面前确证自己的主体性；契约是调整社会关系的手段，社会关系的契约化则解除了人对人的依附，造就了在社会面前具有独立地位的个人。契约是一种根本的交往规范，一种基于合意产生的关系，它能够确保社会在所有方面（个人之间、个人与组织之间、组织与组织之间等）按一定的规范行事，是降低社会中的交易成本的重要途径。从契约的渊源看，它包括两个相关的方面，一是实践层面上的契约的形成和发展，二是理念层面上的契约观的形成和发展，在这一过程中契约所蕴含的精神实质从具体的经济交易活动中剥离出来，并被贯彻到政治制度和社会生活的各方面。[①]

在西方思想的语境和观念体系中，公民社会是个契约社会：一个是作为自然人的契约，它保障人生来平等，以示对单一自然人的绝对尊重；一个是作为社会人的契约，它强调个体之间及个体与群体之间在权利与义务上的均衡，以公共义务交换个人权利，以对公共空间的承诺交换私生活的承诺。所谓法律，实际上就是生效的公民条约。所以，公民的实际内容就是处在契约中的人，一个是个人与神签下的约，一个是在人的平面内签下的约。对应于双重契约，公民社会突出两个平等：在神面前人人平等；在权利和义务的均衡关系上人人平等。

每个自然人在神面前都是孤独的个体，这个孤独个体的生命价值和生命意义与上帝自身的价值和意义同等重要。因而，自由这个字肩负着孤独的生命个体对神的绝对关系。在公民社会里，自由这个字之所以神圣，原因就在于孤独的生命个体只能单独与上帝取得信赖关系，并使自由获得信仰价值。在公民权利体系内，真正具有神圣价值的东西只有信仰和自由两项。所谓天赋人权从根本上说就是从信仰和自由这里在先设定的生命必须被绝对尊重的先验权利。公民社会在自由这个基本项下面一再获得无法估量的精神资源，并使生命具有无上崇高的价值，并在这种无限资源和无上价值中培养了一切可能的创造性活力。它凝结孤独、痛苦、激情、信赖、和谐、美感、幸福和真理于一身，是西方文明获得非凡力量的最自然的人性基础。

公民社会中人与人之间的契约与单个人的生存状况最具切身

---

①　何怀宏：《契约伦理与社会正义》，中国人民大学出版社 1995 年版，第 11 页。

关系。这个契约以强制的方式完成合理利益的实现，它正视生存利益、正视社会意义上的人的一切有限性和缺陷。这个契约假定每一个签约人在理论上都是违约嫌疑人，因而这种契约的本性就决定了不以"好人"、"良民"和"榜样"作为基本假设，也决定了它对庞大的警察队伍的自然需求。实现利益的方式的复杂性决定了这种契约防范人性缺点的种种优先考虑。人与人的契约是以社会为边界条件的契约，契约的两端是权利和义务，契约的宗旨是权利与义务的均衡，权利增加一分，义务也要相应地增加一分。如果发生偏差，就必须行使多数原则对契约进行修改。所以，"民主"是保持具有相对性的社会契约得以平衡的动态活力。契约的相对性也决定了民主的相对性，作为权利的民主是绝对的，但权利表达的社会效果则是相对的，这就是民主实现的多数原则。它尊重具有数量优势的集体或大众选择的结局，但不给集体话语权留下任何欺诈的空间。人有多少缺陷，民主就有多少不足。由于它有追随大众的盲从性，因而它并不是最有效率、最有吸引力的契约方式。它的长处在于，它总是在更新中表达自己，总是能使社会保持足够的张力；它虽然不是最佳社会理想的表达者，并且不时地流露出它的过于粗俗和庸俗的某些方面，但它绝对不允许最糟糕的社会形态立足。人们明知民主不具有思想魅力，但又无奈地希望它能发挥支配性作用的矛盾心态的原因就在于此。

公民社会把自由视为神圣不可侵犯，它对利益具有直言不讳的主张，并使明确的利益获得明确的界限。简单地说，公民社会的精髓便是自由和民主，这几个字合到一起就是古希腊的"正义"：既要做一件合乎自己本性的事，也要有能力尊重别人做一件合乎他的本性的事。有能力做一件合自己本性的事，这是自由对正义的分担；同时也有能力尊重别人做合他本性的事，这是民主对正义的诺言，并且这个诺言越来越具有庄严的法律效果。① 但"有能力"不等于"有意愿"；"有意愿"也不等于"有能力"。"意愿着"自由与正义，不等于"有能力"去践行正义与自由。

显然，近年来我国学者虽然也把"契约"理解为公民社会的精神品质，但却只关注了社会契约的一面，而完全忽视了神圣契约的一面。他们简单地把市场经济理解为契约经济、法治经济，把公民社会理解为契约社会，并进而理解为法治社会。② 因而，他们虽然正确地指出了公民社会是个由法律保证的民主社会，却遗忘了公民社会中"自由"所具有的信仰价值及其对法律规范的奠基和担保。与此相应，当我国的教育体制动员一切教育资源试图完成对人的"公民"教育时，却因过于重视社会契约层面上的知识教育而着力培养能够征服和改造世界的人，这种"公民"教育表面看愈来愈重视权利和义务的均衡，但却从来没有使对自由的信仰成为个人的精神品质。

实际上，本文所谓的"公民"不是法学、政治学、经济学和社会学意义上的人，而是指通过教育的不断启蒙而建构的一种"人格"，即第欧根尼所寻找的"真正的人"。西文 person（人格、个人）是一个认知概念而非道德概念，其含义首先是指个人性或私人性，其次还指个人的身体特征、性格气质和容貌风度等。但《实用教育词典》认为："广义而言，人格与个性同义，指一个人心理特征的综合。它包括多种人格特征：①体格，如身高体重等；②气质，如敏捷或迟钝等；③能力，如一般能力与特

---

① 陈春文："全球化格局与中国的私民社会传统"，《科学·经济·社会》1999年第2期。

② 袁祖社："社会生活契约化与中国特色公民社会整合机制创新"，《天津社会科学》2002年第6期。

殊能力等；④意志，如果断与犹豫等；⑤品格，如诚实或虚伪等。
一个人的人格是相互联系的多种特质的独特综合。就狭义而言，
人格与性格同义，指对现实的稳定态度及与之相适应的习惯化了
的行为方式。"① 《新世纪现代汉语词典》认为：人格是指"个人
在一定社会中的地位和作用的统一，是人之为人的尊严，价值的
品格的总和"②。在《现代汉语词典》中，"人格"有三种含义：
①人的性格、气质、能力等特征的总和；②个人的道德品质；③
人的能作为权利、义务的主体的资格。③ 此外，在商务印书馆的
《辞源》和上海辞书出版社出版的《辞海》中均无"人格"条。

　　事实上，只有"人的性格、气质、能力等特征的总和"和
"人的能作为权利、义务的主体的资格"与西方的 person 含义相
合，而人格是"个人的道德品质"则是望文生义的附会，它其
实是指"人品"。人品是一个道德的而非认知的关系概念。"人
格"强调每个人作为原子式的个体是权利和义务相统一的主体，
是对私人的肯定；"人品"则是个人在行为关系中与他人发生关
系时表现出的一种道德评价，是对私人的否定。每个人的人格是
平等的，但人品却有高下之别。西方文化强调尊重人格，即使是
十恶不赦的罪犯在人格上也有平等的权利（如"上帝面前人人
平等"、"法律面前人人平等"、"真理面前人人平等"），康德甚
至断言，对一个追杀他人的杀人犯也不能说谎。因为谎言即使能
保护某人免受伤害，但也是对他人"人格"的不尊重和不道德
行为，是对人类普遍性的伤害；谎言败坏了法律之源，因为法律
以说实话为基础，不受任何权宜之计的左右，这是一个绝对庄严
的理性法令，最小的例外都会使它变成一纸空文。由此可见，尊

① 《实用教育词典》，吉林教育出版社 1989 年版，第 10 页。
② 《新世纪现代汉语词典》，京华出版社 2001 年版，第 991 页。
③ 《现代汉语词典》"人格"词条，商务印书馆 1980 年版，第 462 页。

重人格不仅是尊重个人性和私人性，同时也是在尊重和维护法律的普遍性。在西方人看来，法律是每个人的自由意志的体现，因而是个人尊严的体现。"苏格拉底之死"便是最好的例证——苏被指控有罪，他拒绝承认自己有罪。按雅典法律：拒不认罪者只能选择死刑。苏格拉底谢绝一切保释、逃跑等保全生命的策略，甘心受死。他作为个人和有自由意志的雅典公民参与制定过雅典法律，雅典法律体现了他的自由意志和权利，因而他和雅典法律之间有一种神圣的契约关系，尊重法律就是尊重自己的自由意志和权利；反之，逃脱法律就是践踏自己的自由意志和权利——这一事例恰好说明权利和义务相统一的个人才是具有承担责任能力的人格。相反，以"人品"取代"人格"，把人当成一个没有私人内心世界的物体（无私）和普遍道德教义的载体，这样的人，他既没有独立的人格，也没有自由意志，因而没有义务去遵守和维护法律（传统中国社会的"匹夫们"无权参与制定法律，法律也不体现他们的自由意志），所谓"天下兴亡，匹夫有责"实乃一个无责任能力的民族的善良愿望而已，除了"报君黄金台上意，提携玉龙为君死"（李贺《雁门太守行》），这些爱君者，中国的"匹夫们"从来不是一个权利和义务的统一体，不是一个具有独立人格的个体，不是一个以法律的尊严为"我"的尊严的承担责任的主体，而是一个没有自由意志的躯壳，是一个隐没于"我们"、"社会"、"国家"、"集体"的阴影之中的没有灵魂的生命。匹夫的责任被巧妙地转换为"我们"的责任，"我们"负责等于人人都可推诿责任而不负责（如现代中国的集体决策和集体负责）。"它"（社会、国家、集体、道德）吞没了作为具有人格的你、我、他。历史作证：对个人人格的普遍蔑视和粗暴践踏，只能使我们的国民性变得日益浅薄、粗陋、伪善和麻木！

　　真正说来，人作为具有责任能力的独立个体，其人格结构是具有"孤独意识"（非中国式的脱离群体的孤独感）、"忏悔意识"（非中国式的推卸责任的悔过）和"责任意识"。三者的统一才能使具有独立人格的你、我、他及其由之所构成的我们成为真正的信仰主体、道德主体和审美主体。

从教育哲学的角度思辨地提出"公民社会"及其"公民"教育问题，并不只是为了分析和规范这两个概念，还必须找到它们的"对照性"概念，以便明确我们的教育针对的是具有什么样的价值观念和精神品质的受教育者。这里，在公民社会的参照下与之相对照的是"私民社会"，与公民相对照的是"私民"。私民社会所要陈述的内容过去通常用"封建社会"或"宗法社会"等概念来表达。"封建社会"的语义背景取自于西学的历史分期框架，它既无法揭示公民社会的核心内容，也无法如实兼顾中国文化传统和社会形态的特质，它在讨论中国社会之前就已经取消了中国社会的事实状态。"宗法社会"这个命名比较切近中国社会的实际脉络，它指直接或曲折的血缘关系支配着中国社会的实际运作。宗法关系是传统中国社会的最实质的关系，但"宗法社会"的命名有两个缺陷：一方面它无法衬托公共空间，即半公半私的社会区域；另一方面它不具有与公民社会的全方位的大尺度的比照功能，难以看出适应西方文明的全球化的主要困难在哪里。而"私民社会"这个名字则克服了这两个缺陷，同时又保留了宗法关系的事实内容。

私民社会的主要内容是私民、血缘关系和老百姓。私民指社会中单一的人，或者被群体所有（集体），或者被皇帝私有（子民），或者被朝代及国家所有（国民），但无论如何做不成自由人，不能做以个性为基础的、独立意义上的人。血缘关系是每个人在私民社会中立足的最初和最终的担保条件，是每个人生老病死全程意义的注释者，是解释权力本位的中国社会的唯一途径。小老百姓是中国私民社会传统中最有灵气的称呼，他的苦难，他的执著，他的麻木，把中国人藏在骨髓里的秘密都能吸出来。

以私民社会的宗法关系语言读中国社会，中国社会就是活灵活现的、清清楚楚的；以公民社会的契约式法律语言读中国社会，中国社会就是生硬而又失真的。跟在公民概念后面穿不透中国的传统，看不出中国社会真实的地形地貌；跟在私民体制中小老百姓的身后进入中国社会，中国社会就是亲切的、生动的和富有质感的，他的劳苦、他的得意、他的处世智慧、他的机灵与麻木、他的迂回的得与失、他的疲惫与兴奋、他的含蓄、他的精气神、他的状态和生存技巧都昭然若揭。中国社会之所以具有无与伦比的草根性和民间性，就是因为处于宗法关系底层的不知疲倦的小老百姓执行着中国社会的延续功能、创造功能、生存功能、人伦塑造的功能和涵养化育的功能。

以宗法关系为核心的民间承担着中国社会的基本义务。生老病死这些有形的义务以及文化、价值、伦理、美感和生命经验这些无形但却更为重要的义务主要是由民间承担的。私民社会的实质在于一个"私"字：皇帝以天意行私，他行私的唯一天意支持就在于他打来了天下，官宦以皇帝的名义行私，草民则以最孤苦无奈的方式行私：自私和以行贿的方式守私或扩私。以私字为核心的处世智慧令人眼花缭乱：以对策消耗政策的太极功夫，以行贿瓦解规则的生存本能，以宗法利益粉碎国家利益的假公济私等等。私字是私民社会的命根子，人们不露痕迹以私换私、以私斗私、理直气壮的假公济私，人们以权谋私，而被百姓视为理所当然。凡此种种都是活跃在私民社会中实实在在的传统，是司空见惯的日常行为，不需要任何形而上学的揭示和论证。

私民社会中的草民（小老百姓）既是载舟之水也是覆舟之水，是载舟还是覆舟只取决于他们的最低限度的生存线。草民们不仅承担自己的生存负荷和对皇帝直接承担的义务，给他们带来更大生存压力的还有贪得无厌的官宦。这些官宦一方面紧张地探

视着皇家的家私，另一方面背着皇帝以皇家的名义勒索百姓。他
们把勒索来的财富要么用于继续爬高的敲门砖，要么用于培植亲
信势力，要么挥霍无度，要么转化为壮大家族势力的土地财富而
渐成宦族。在中国农村，至今还把升学与做官视为同一件事。中
国人认同"万般皆下品，唯有读书高"的说法，并不是尊重它的
本意，而是看重在读书与做官之间有一条私民社会的直接通道，
因为读书（含考试制度的读书）是改变私民社会生存状况的最便
当的方式。读书是手段，做官才是目标。封官是私民社会的一种
奖赏机制，官之所以具有吸引力，乃因为官是私民社会地位分配
的唯一注释者，它是私民社会的终极诉求和终极定位。对私民社
会的草民来说，从草民到士，从士到宦，从宦到官，从官到更大
的官，每一步都渗透了宗法关系的心血，他所需要的物质和精神
的支持往往不是一个最小单位的家庭所能承担的，必须动员整个
宗法关系内的力量，他将来也必须以最大的权力来回报宗法关系。
不要忘本，要光宗耀祖这些提示语充满了私民社会的宗法依据。

　　私民社会的思想学说也只能是私民私约，它既不能称为宗
教，也不能为信仰提供思想条件。儒学是心性之学、德性之学、
齐家治国之学和追求大同之学，它的所有内涵都没有脱离宗法体
制内的人的价值本位，即它只陈述伦常世界，而不能达及事实世
界，它必须致力于对私民生存的全方位解释，致力于私民精神生
活的平衡，它离不开讲进退得失的道理，离不开内圣外王的道德
理想，它只能追求人际间的比较利益，只能看重人际间的评比价
值，总是拘泥于集体语境的价值给予，它无法成为信仰空间的创
造者。道家释家的民间语境也同样是私民社会的产物，也不具有
严格意义上的信仰价值。人们把佛或道看作是排忧解难的好地
方，企盼它的保佑，甚至企望它慰藉人间的种种不平，或者把它
看作为明善抑恶的超自然的力量，这些都是私民社会生存环境的
挤压力过大造成的强烈心理需求，任何能满足这一心理需求的学

说在中国民间都有充足的发育空间。

私民社会的险峻现实积淀了儒家意义上的知识分子的忧患意识和救世主心态。但他们也不是一定就能为私民社会的私民们带来根本希望的人，因为他们也同样没有能力尊重单个人的生命事实，他们同样喜欢把自己的意志强加于人，他们同样热爱甚至更热爱威权姿态，他们同样是没有信仰能力的人，他们同样是私民社会中与自由没有关系的私民。

私民社会因其不介入生命的孤独状态，无法形成以信仰为依归的生命观，因而没有自由情结。自由这个词在私民社会语境里的意思是随意性、随心所欲和为所欲为，这看上去似乎比自由更自由。自由这个字在汉语里的准确对应词是纪律，而不是公民社会中与自由严格对应的必然性；自由这个字在汉语里也不具有神圣感和不具有命运的严重性质。因为中国的私民社会传统并不提出单个的人与神签约的要求，而是由血缘集体通过宗法体制自制条约，每个人在来到世界之前就注定了他的集体所属性。所以，家长、家族和社会并不把他当作自由的人看待和尊重。

私民社会中的人与人之间、单个人与社会整体之间也没有契约关系，只有血缘和宗法的既定关系，没有超血缘和超宗法的约定关系和解约关系，当然也不会有以契约为核心的法律体系，私民们也当然不会像尊重道德那样尊重法律。

私民社会中也不会有公民意义上的民主。但不能说私民社会没有民主，公民社会的民主以法律的形式实现，私民社会的民主采用伦理语言。法律担保公民社会的契约性，伦理承担私民社会的宗法权力。违法是剥夺公民权利的唯一理由，不仁不义不道德则是私民社会剥夺私民的社会属性的有效方式，这就是为什么在我们的社会中人们更善于通过道德和人格因素整肃异己的因由。

私民社会是发育得相当成熟的社会形态，其传统性远远超出公民社会形态。简单地比较两者的是非优劣并没有意义。但我们无法回避以下基本事实：全球化已经基本合拢，全球化是西方文明的全球化，不是中国私民社会传统的全球化。承不承认这一全球化不单是学术问题，而且牵涉到我们民族的生存权和发展权的问题；公民社会的框架性保障能力（个性、创造性、基本人权）大大地优于私民社会，公民社会的权利体系更合乎人的尊严。①

## 二　教育的目的是培养具有信仰、德性和知识的公民

世事洞明皆学问，人情练达即文章。以公民及公民社会为参照对私民和私民社会的分析，实际上是任何一个教育工作者都必须了解的"国情"与"世情"。从私民到公民，从私民社会到公民社会，不仅是一种社会形态和个人身份的转变，更是教育必须自觉担当的教化任务。

今天，每个教育者都知道教育活动就是传授文化知识，教育活动所要传授知识的对象是受教育者。但是，迄今为止，我们的教育学研究很少究问受教育者是在公民社会的价值体系中存在的公民，还是在私民社会的价值体系中存在的私民；我们既不了解公民社会的价值体系以及公民的精神品质，也不了解私民社会的价值体系和私民的精神品质。因而我们既不了解教育对象的私民特性，也没有把公民的精神品质作为培养受教育者的目标。我们的教育体制安排和教育理念停留在"教育是传承文化知识"的抽象命题上，却不追问对传授的文化知识的类型及其各自的作用。以至于我们在社会转型时代的教育改革和教育理念设计上，从未没有把培养具有信仰、德性和理性的公民作为教育活动的根

① 陈春文："全球化格局与中国的私民社会传统"，《科学·经济·社会》1999年第 2 期。

本目的。

在教育中，人的不断完善本身就是目的，而不应将人仅仅作为提高劳动生产率的手段加以锻造。人只能作为目的，不能作为工具被对待。但在我国的教育实践中，学生是被作为"各类事业的建设者、接班人"来培养的，学生一入学就被灌输"将来做科学家、工程师、文学家、政治家"等等，唯独不教给学生怎样才能成长为一个"公民"。整个国民教育就是一个"大职业教育"。工作成了目的，人成了工作的奴隶。沿着这一价值导向，舍勒所称的"效能知识"占据了教育的绝大部分空间，而"教养知识"和"拯救知识"或者形式上存在，或者根本缺失。舍勒指出这一失衡导致的危险是人类精神的空虚和堕落。

教育作为一种社会现象是以人为对象的，教育作用于人的是社会知识文化，其目的是造就人和发展人。中国现代教育深受西方实证主义知识观的影响，所以说，教育的危机本质上是实证主义知识观的危机。我们时代的教育极其强烈地向往和追求科学知识，渴望本质和基础、清晰和有序、制约和永恒。但实证主义知识观所引发的技术论的张扬带来了人的内心世界和内在情感的荒芜、理性暴政、存在遗失、精神空虚、人文衰微，追求知识显然没有满足人寻求意义以获得生存支持的愿望。马克斯·舍勒曾不无感慨地指出："没有任何时代像今天这样，关于人有这么多的并且如此杂乱的知识。没有任何时代像今天这样，使关于人的知识以一种如此透彻和引人入胜的方式得到了表达。从来没有任何时代像今天这样有能力将这种知识如此迅速而轻易地提供起来。但也没有任何时代像今天这样对于人是什么知道得更少。没有任何时代像当代那样使人如此地成了问题。"① 面对"教育困境"

---

　　① 海德格尔：《海德格尔选集》，孙周兴编选，上海三联书店1996年版，第100—101页。

与"价值衰微"，我国现代教育面临着前所未有的价值困境。

为什么我们时代的知识"使人如此地成了问题"？如前所述，现代中西方教育理论都不加反思地把孔德的知识观作为前提来梳理西方教育理念的演变过程，即与神学的信仰知识、哲学的本质知识和科学的现象知识三种历史形态相适应，认为西方的教育理念也经历了培养德性人格、建立终极信仰和传授科学知识三个阶段，并把实证主义的科学知识作为一切知识的必然归宿和最后形态。不幸的是，实证主义科学知识观很容易在根本就没有宗教感情和形而上学（metaphysics）素养的中国人那里找到知音。因此，当我们在近代以来接受西方的教育理论体系时，也理所当然地认为我们时代教育的主要的、甚至唯一的功能就是传授科学知识。石中英博士的《知识转型与教育改革》是我国近年来讨论知识转型与教育改革关系的一部很有分量的、具有原创性的著作，但是，由于作者对实证主义科学观和知识类型论未经反省的接受，以至于他即使深刻认识到当前"中国社会人文精神的缺失或萎靡已经在社会生活和工作的各个领域都表现出来……信念遭到嘲讽、理想受到冷落、道德濒临危机、情操退化为欲望，责任与金钱捆绑在一起。所有这些都已经严重影响到个体幸福和社会发展"①。并在比较了波兰尼的"显性知识"和"缄默知识"，孔德的"宗教知识"、"形而上学知识"和"实证知识"，舍勒的"拯救的知识"、"文化的知识"和"实践的知识"之后，石中英博士试图对自然世界、社会世界与人文世界做出区分，认为"自然知识"、"社会知识"和"人文知识"的知识分类"既考虑了知识对象的不同（所谓的'质料'的标准），又考虑了获取知识方法的不同（所谓的'形式'的标准），因而是一种比较全

---

① 石中英：《知识转型与教育改革》，教育科学出版社2001年版，第262页。

面与合理的分类形式，能够比较合理的反映人类知识的总体结构。"① 他在对自然知识、社会知识和人文知识各自的性质进行学理阐述之后，提出了科学教育、社会教育与人文教育的教育改革构想。

但是，自然知识、社会知识和人文知识的划分，实际上仍是建立在实证主义知识观基础之上的。由于这种奠基于实证主义知识论基础上的教育观，使得我们在教育理念设计上只见知识，而失落了信仰和精神品质。

其实，人文知识是个语焉不详的概念，现代教育观念所谓的"人文知识"教育本质上仍属于科学知识范畴中的文学、历史和哲学知识，它并不包含传统意义上的宗教知识和形而上学知识。譬如，韦伯就认为世界观是一种信仰式的本质知识，它是一种个体性的"拥有"，其知识结构与经验理性的知识结构是不同的，并因此把神学逐出了"知识学"。但是，韦伯把个体信仰逐出现代学术和教育之域，意味着必须区别经验理性的学问与世界观和人生观。舍勒赞同韦伯的"无信念预设的知识学术对世界观的获得或设定没有意义"的论断，这里隐含着一个知识论上的二元论题：现象（经验事实域）与本体（价值理念域）并不直接联结。它转换为知识社会学的命题即是：现代知识本质上具有分化的多样性，并不具有一个统一的观照点。因此，没有统一的知识，只有诸种学问。但世界观要求统一性，何谓世界观？舍勒认为：世界观是一种确信，是对"终极有效的东西"的信靠。因此，世界观是一种明证的、先验的本质知识（Evidentes apriorisches Wesenwissen），有如对启示的信仰。

世界观作为先验的本质知识提供的是一种价值—意义的生存理念，这是经验理性的知识论述所不能提供的。实际上，科学的

---

① 石中英：《知识转型与教育改革》，教育科学出版社 2001 年版，第 280 页。

对象和方法只有从一种前科学的设定（世界观）才能成立。世界观构成了个体和群体的各种认知行为的先验结构。近代实证的经验理性是随着近代自然世界观在拒斥古代超自然世界观的基础上形成和发展起来的。实际上，近代自然世界观在把古代超自然世界观当作形而上学拒斥时自己也避免不了成为一种形而上学的命运，这是因为人没有是否要建构某种形而上学理念的选择余地。柏拉图说：人是天生具有构造乌托邦（理想社会）的动物；亚里士多德翻译为：人在天性中包含着形而上学的成分。舍勒指出："一切宗教的目的都是为了拯救个体和群体；形而上学的目的是运用智慧尽可能地陶冶个体；实证科学目的则是要用数学符号建构世界图景。"①

　　同样的道理，教育科学的对象和方法亦然，教育也需要一种前科学的设定（世界观）才能成立。在苏格拉底和孔子时代，形而上学精神观念还能统率一切，它既区别于宗教观念又压倒实证科学观念。在中国古代孔子等教育家的身上，理想的政治家和教育家的思想、气质得到完美的结合和体现，并成为以后中国历史上有作为的政治家和教育家的光辉典范。中国古代教育从理论到实践主要是一种道德教育，中国古代教育家也主要是道德教育家，他们以教人如何"做人"和"完善自我"为本。"中国古代教育家都本着积极入世的精神，把教育和社会政治密切结合起来，教人积极入世。从根本上说，中国古代教育家都是一些胸怀化民成俗、建国君民之志而又言行一致的社会思想巨子。"② 在这种形而上学背景中，自然和社会没有肢解为部分，知识没有被合理分工为专业科学，因而，教育的目的不是为了培养训练有素的专家并在某种世界图景的支配下运用技术去制服和控制自然。

---

① 舍勒：《舍勒选集》下卷，刘小枫选编，上海三联书店1999年版，第1108页。
② 胡德海："论中国历史上的教育家"，《教育研究》1998年第8期。

就其本质而言，在一个前瞻性时代的教育观念中，必须同时具有信仰、德性和理性知识三个要素。

在崇拜科学的时代里，人们曾一度相信科技的迅猛发展会带着人类驶向幸福而美好的家园，因为在人们看来，科学就是消除弊端，改善生活的代名词。诚然，科学在人类现代化的进程中，产生了并还将产生巨大的力量。这种力量除表现政治、经济等方面外，还体现在人的认识和理智的创造性上。现代科技的高度发展，成为人类控制自然的一种强大力量，人类利用它去征服世界，并不断获得物质上的满足。科学的巨大的工具效能向人类提供了一个榜样和模本，向人们展示了一种"好"的生活模式。这种魔力促使所有的人"出自本性地"去追求知识。人们在掌握控制自然的强大力量的同时，其本身也逐渐由目的沦为手段。

从理论上讲，寻求客观认识是科学与生俱来的、不可放弃、不可推卸的责任，科学只对客观性负责。从知识的角度看，科学是自足的，其涉及的范围单纯而且独立，科学的功能是专属的。但由于人的因素和目的，加之科学研究的动力来源于社会需要和利益，使科学自动放弃了自我目的，出现了自律与自主建制的相对比，使其接受并产生了更多的依附性。随之，资源受到破坏，环境受到污染，自然备受折磨，安全受到威胁，稳定无法保证，道德陷入困境。人的生存和发展遭遇尴尬和危机。这一切使我们备受焦虑和担忧，我们发现了很多理由，其中就有科学道德责任的缺失。谁接受任务，谁就有责任把任务完成好，遇到失职和错误就要追究责任，因为承担任务是一种承诺方式的实践。科学在追寻客观认识时，人们就把一种普遍责任转化成根据不同学科种类而具有的特殊责任，这构成了科学自身与生俱来的任务的一部分，这是科学专属的、相对固定的任务责任。除此之外，科学还有一种非专属的、绝对的、固有的责任，它与是否从事科学无关，这就是对基本权利和人权所负担的责任，一种道德、伦理责任。由于众多因素的参与和背离，科学在其发展和进步的道路上出现了道德上的错误，并且基于现代化的推动力，科研越现代化，"就越深入地进入到物质的基础中，就越深入地渗透到生命的基因中，就越严重地出现道德的可错性"。① 因此，现代的科学研究者们应该重拾遗失已久的道德责任。知识作为一种建设和再建，不仅需要一种智力上的、而且需要一种道德上的努力；它不仅需要安然平静的关心自己本身的事即对他的客观性负有永恒的责任，而且还要操心人类福利。这是人类对科学提出的更高的新的道德要求。这一新的道德要求基于科学理想的贬值，道德目标的确立为此负有不可推卸的责任。责任承担成为科学在现代社会继续发展中所担负的首要且同时并举的责任。然而在现实中，人们往往不愿正视处境的复杂性，尤其当出现原则冲突时。鉴于这种危险，就更需要诉诸理性和自由意志，在道德上有所作为。之所以如此，是因为人的有限性，它不仅表现在智力上，而且反映在道德意愿上。这不仅需要道德，必要时还要借助于法律，更需要在困境中对自我局限的突破。而这一切都离不开道德理性的培育。

　　知识（科学）对于公民社会及"公民"是一种必需而且必然的力量，它是"提升人类力量的普罗米修斯"，为人类及人类社会的发展提供了巨大的潜力。科学的责任是"一种所谓的知识构成一种事实性的知识，从一种基本的知识形成一种扩展性的知识"，② 负责保持清晰和准确，防止迷误和错觉，它是推动人类文明的最强动力。我们之所以把科学当作真理的典范，是因为

---

　　① 〔德〕奥特弗利德·赫费：《作为现代化之代价的道德——应用伦理学前沿问题研究》，邓安庆，朱更生译，上海世纪出版集团 2005 年版，第 87 页。

　　② 同上书，第 256 页。

科学向我们传达了真理。从始至终，科学在预测自然方面一直是非常成功的，它让我们有能力发明出工具，按照我们的意愿来改造自然；科学同时具有经验和理智的诚实性，没有什么科学理论是能够被简单的接受的，科学假说能够并且必须被一次次的检验，必须再三为新的研究所支持，它必须总是经得起新问题和新挑战的考验。没有人有权强迫一个科学理论违背证据，没有什么意见能够强到足以拒斥一个比它更具解释力的理论。但科学家也承认有时候有些标准被打破了，这是因为科学家也是人，他也会受到人的有限性的局限。尽管如此，这些理念仍然会被保存下来，并且为每个人所接受。正是由于这些严格的理念，科学才赢得并保持了它目前的地位。对人类生活的许多问题而言，科学确实预设了某种局限性过强或冷漠的世界观，但不可否认的是科学在今天依然是我们检验真理的标准。

是否只有科学才能配得上"真理"这个字眼？因为无论怎样科学总是经验的。科学虽然是一门经验学科，但和形而上学一样也包括猜测、想象以及对不可见事物的说明，除了观察事实做实验，科学家还需思考如何超越客观之物，而提出对其说明的理论，科学中的真理并非只是事实的真理，它也是理论的真理。

与此同时，我们也强烈地感受到，科学并非始终如我们对它的期待——有助于人类的进步。它是潘多拉的盒子，也表现出了种种弊端。科学不仅能够救助，而且也会滥用和摧毁。如果缺少理性作为基础，没有道德一路同行，科学将会驶向何方？无人能够准确知晓。即便是科学家仅仅是"为了求知"，那他求得的知识却有可能成为新的行动的可能性并带来新的隐患。究竟会产生怎样的后果，也将难以预料。因此，研究者面对双重的责任。

而这一切都基于知识与道德之间那深刻而广泛的联系。首先知识在推动道德进步的方面扮演着强力杠杆的作用。从根本上说，社会道德的进步、个人道德境界的升华，离不开科学文化知识的进步与增长。知识之所以能够起到推动道德进步的作用，是由道德的本性决定的。道德作为人的生命活动的一个方面，具有意识性，它决定了人对某种道德规范的选择、对某种道德理想追求的是在理性指导下完成的，从而具有道德的意义。理性的参与使人在做行为决策时，总是要进行理智的思考：究竟何为善恶？行善的目的、意义何在？这一思考势必与社会、人生方面的知识相关联。一般而言，人们越是较多地占有这方面的知识，内在精神世界就越丰富，道德的自我意识就越发展，对行为的道德意义的理解就越深刻。因此，人类的知识发展水平对人类的道德进步发生着深刻的影响，并成为推动道德进步的重要因素之一。与此同时，个体的道德品质的培养与形成，也与其自身科学文化知识的增长有着必然的联系。伴随着知识量的增加，个体的道德认识能力便逐渐增强，道德情感随之升华，道德信念更加富于理性，道德意志也愈加趋于坚定，道德践行就必然成为个体的自觉要求。因为知识作为对客观性的追求，它必然使人养成追求真理、推崇公平、主张正义、热爱民主以及形成诚实、谦逊、友爱、热忱、乐于助人等许多可贵的优秀品质。个体的道德品质的形成与培养，与其知识增长客观上存在着一种必然联系。

另一方面，知识在作用于道德发展的同时，也受到了道德的影响和制约。道德本身具有的认识功能是人们获取知识的特殊方式。道德对知识的渗透、促进，主要是依靠不同的学科领域以不同的方法去反映世界。道德通过对人们的言论、行为以及种种社会现象的评价而获得认识。

实际上，人们对科学不适当的侵入某些领域会保持不满，但却不会因某些具体的科学理论而拒斥科学。人们的不满与排斥与其说针对的是科学，毋宁是对科学的具体运用。科学之所以被视为真理，是基于它的客观性，而人的运用却带有主观色彩，会受个人情感、偏好和意识的影响。因此在人类求知的路途上需要责任的承担和道德理性的在场。人既然有能力达到道德理性，就不应该让它空缺。在灾难出现时，应该让它及时"起飞"，正如奥特弗利德·赫费所说："科学研究不总是滞后的，它也可以与责任的讨论同步，甚至可以前瞻性地进行，既然阿西娜的猫头鹰只在傍晚才起飞，那为什么不在傍晚之前起飞呢?"① 罗素认为："美好的人生是为爱所唤起，并为知识所引导的"②，有爱而没有知识，或有知识而没有爱，都不能产生美好的人生。爱和人生都是必要的! 在罗素看来，爱在某种意义上更为重要，因为它能引导明智之士去寻求知识，以为他们所爱的人谋取幸福。因此当我们追求知识时，应该让爱与责任与我们同行，让爱为我们提供一种自由且充满意义的生活，因为"科学如果愿意，它能使我们的子孙过着美好的生活，方法是给他们以知识、自制力及产生和谐而争斗的品性"③。

因此我们的社会依然需要"所有的人"对知识保持强烈的求知欲，不断实现与之相属的责任。此时，责任不再是负担，而是快乐，一种不易得到且又无法剥夺的快乐。

科学技术急速发展的负面效应已经使人类社会面临着"双重危机"——全球生态危机和道德、信仰危机，这是人类无法回避、必须面对并予以解决的重要问题。显然，前者与后者有着必然的根源关系。道德、信仰危机是人自身表现出来的内在的危机，它的问题突出的表现在伴随科学的变化而出现的道德上的自我约束机制的丧失及客观有效的善恶标准的边缘化。人类在异化、"物化"的过程中，伴随着人的本能的弱化、体质的下降，

---

① ［德］奥特弗利德·赫费:《作为现代化之代价的道德——应用伦理学前沿问题研究》，邓安庆、朱更生译，上海世纪出版集团 2005 年版，第 261 页。

② 罗素:《道德哲学》，李国山等译，九州岛出版社 2004 年版，第 34 页。

③ 同上书，第 61 页。

人的生理器官逐渐被技术工具所取代，生理功能衰减，抵御疾病的能力下降，人丧失了自己的完整性和原初的力量，人的主体性逐渐丧失，人被知识文明客体化，人成了手段。主体与客体、目的与手段，相互颠倒，人的整个生存被客体化于文明之中，处于被奴役的状态，然而人却毫无察觉，反而把它体验为快乐。现代科技文明取得的骄人成绩过分刺激和鼓励着人们对实利的无限欲望和追求，人们把自己追求的幸福狭隘地理解为财富的占有、权力的掌握、名望的享有以及及时行乐和纵情享受，人成了异化物的奴隶。此时科学和道德、科学和信仰作为两个有区别的领域，不仅没能同步发展，而且差距已是天上地下，出现了道德与信仰的滑坡。这是人类道德观念和信仰缺失的结果。如果人类的道德、信仰都被摧毁了，那么人类社会的终点就并非遥不可及了。

显然，仅靠科学本身的发展是解决不了上述两重危机的，科学技术的发展并不会从根本上解决社会危机，科学并不能解决道德、信仰问题。

科学与宗教、道德是一种怎样的关系？如何在科学发展的鼎盛期保有人类应有的道德与信仰？这似乎成了自近代以来留给诸多大思想家长久冥思的亘古难题。毫无意外，当下学者也深受困扰。

在康德那里，科学与宗教、科学与道德分属于两个领域："理论理性"和"实践理性"；其中"实践理性"高于"理论理性"。由此，科学、道德、信仰被区别开来，人的价值、理想、信仰和意志等精神因素得到了突出。康德规定了人的理性认识"限度"——只能认识"现象世界"，不能认识"灵魂"、"世界"和"上帝"这三个"物自体"的"本质"；"物自体"的"本质"只有信仰能够到达。康德试图说明，对于任何一个希望成为具有优秀道德的人来说，信仰上帝都是理性上必然的，此结论是一种对上帝存在的道德论证，其目标与其说是要证明上帝存在是一种知识，不如说是要证明上帝存在是我们关于世界的道德观的一种必然特征。康德把这样的一种上帝的信念称为信仰。对其而言，对上帝的信仰就像知识那样已经得到辩护，它绝不是一种感情，而是一种可以用理由进行论证和辩护的纯理性的态度。他认为，没有对上帝的信仰，我们的道德感和正义感就没有了基础。康德通过"批判"，不但意欲排除理性的误用，而且要给信仰留下地盘，通过"信仰"保留一个不同于现象世界的符合本质的、理想的"彼岸世界"。科学是"有限的"，科学解决不了道德、信仰问题，科学的良性发育需要借助道德和信仰的臂膀。

　　信仰、德性和理性知识这三个要素中，其中最根本的问题是对信仰的态度。[①] 人类的信仰能力最初是由宗教提供和建立的，宗教建立在精神对希望、恐惧、爱和意愿等特殊反映行为的基础之上，是对有限世界经验的超出和对无限的精神体验。感觉到无限的人类天赋是最本质的精神素质。而"无限"实际上是感性和理性既无法证实又无法证伪的"假定的存在"，如果人类拒绝它，也许我们至今还处于蒙昧的黑夜之中。真正意义上的自由及其本质就在于人类对这种"无限"的渴求，也就是力图认识那

---

　　① 信仰是"对某人或某一主张、主义、宗教等的极度相信和尊敬，并以之为自己的行动的榜样或指南。它表示人对思想、理论、原则即对人类关于客观世界的种种理性认识的态度，反映了人的思想倾向和精神追求。信仰能否形成，关键是人对某一思想是否正确可信，而不在于该思想是否正确可信。所以客观的确信是信仰的本质特征，它属于人意识构成中的非理性成分，是一种非理性心理形式。信仰可能是理性思考的结果，也可能是受直觉或感情支配的结果，换句话说，信仰的建立与确定的途径、方式，既可以是理性的，也可以是非理性的"；"信仰与理解、认识不同，即使信仰一种正确的思想，也绝不表明就已理解和认识了这一思想。以信仰代替知识，就全坠入愚昧的信仰主义。信仰对人的思考与行为趋向，行动方式有重大影响，它能激发或抑制人的力量甚至是极强烈地"（《简明伦理学词典》，甘肃人民出版社1987年版，第488页）。信仰是"对某人或某种思想、主义、宗教等抱有的坚定不移的信念，以此作为自己的榜样的行动指南"（《新世纪现代汉语词典》，京华出版社2001年版，第1343页）。

不可认识的、说出那说不出的决心，不知疲倦地从此在到彼在、从有限到无限、从相对到绝对、从此岸到彼岸的超越过程。信仰不仅规定自由的本质，而且还为此岸世界的人类提供终极价值和终极关怀，并以信仰的力量维护伦理道德。在西方文化传统中，道德是连接理性和自由的关键环节，失落了道德，理性将误入歧途，自由也将迷失方向。信仰、理性和法治是维系西方社会和人际关系的三个基本要素，坚持生活态度的世俗性并不排斥信仰的至高无上，因为信仰规定着理性和科学的限度。如果把理性原则和科学知识视为普遍、绝对的至高原则，以至于取代信仰，就会使理性和科学失去背靠。因此，随着近代理性和科学相继取代神性，由于缺失了神性信仰的外在支持和内在监督，结果却变异为无视个体生命的轻佻。

　　不幸的是，在中国的教育观念中，由于拒绝了对终极价值的信仰，受教育者失落了终极关怀和彼岸追求，这不仅使"自由"概念在我们的正统文化中永远阙如，也使知识分子阶层缺少了僧侣精神，整个民族丧失了建立社会批判系统的文化资源，失落了一个精神制高点。根本而言，在一个形而下的符号系统内，知识分子无从提出彼岸与此岸的对立，因而无从提出社会批判问题。填补"终极关怀"的理想追求只能是"内圣外王"。人生价值与政治权势如此贴近，就不可能产生对此岸权势的超越性格，而只能发生对此岸权势的依附行为。

　　真正说来，教育的根本目的是塑造一个以信仰、道德、法律为基本构成要素的公民构成的公民社会。公民社会的存在前提是公理、正义精神和人的权利，其本质是理想信念和民主法治。公民社会的精神品格是契约性，即每个有自尊和尊重他人能力的个体要受三重契约的约束：第一个契约是个体灵魂与信仰的对象签订的，它涉及生命的意义、价值等终极关怀和自由这个最高权利问题，表明社会成员在灵魂上是有信仰的，被这个契约约定的人是信仰意义上的人，实现这个契约的方式是个人自律。第二个契约是社会意义上人与公共意志之间签订的，表明社会成员在身体存在形态上必须遵守法律，因为这个契约用以保证组成社会所必需的权利与义务之间的均衡，保证这种均衡的有效形式是民主。因此，民主实即公民社会的契约意志，法律则是实现公民意志的契约程序，政府则是保障权利和义务、效率和公平得以实现的均衡中介，因而它也是契约的结果。第三个契约是作为灵魂和肉体统一的生命个体之间签订的，它规定公民之间应该遵守的道德关系。

比较而言，第一个契约的本质是解决信仰问题，第二个契约的实质是解决民主和法律存在的依据问题。通过民主和法律使个人处于权利和义务的契约关系中，但绝对的民主权利要通过"多数性"这个相对原则实现出来，这使得法律具有了可操作性和可变性，即民主行为的结果有可能是残缺的、法律的实施可能是有漏洞的。如此，作为个人自律内在依据的信仰或信念就成为每个社会成员遵守民主和法律制度规范的内在监督者，犹如个体灵魂的精神信念对身体的违法行为进行监督或拒绝认同而使信念与行动一致起来一样。私民社会是个无契约的社会，它生长的土壤是宗法血缘关系，在血缘集体中没有超血缘的契约关系，公民社会中的权利和义务关系在私民社会中表现为权力和义务的关系。

如何使私民社会转化为一个公民社会呢？关键在于教育对人的培育，我们的教育特别着重强调培养掌握知识的人，却很少考虑培养由信仰、道德和知识作为内在精神结构的具有理性的公民。实际上，教育不仅要使受教育者掌握知识，而且要培养理性和形成信仰。蔡元培先生的大学教育理念认为，仅仅有实用学科还不配构成真正的大学，还必须有更高层次的、关涉"终极价值体系"的"世界观教育"，即人文科学和哲学的教育；这种"世界观教育"不再是儒家上达于"天命"以"弘道"的政治教育，而是"超逸政治之教育"，它以"发展个性的自由"为前提。他给教育所下的定义为："教育者，养成人格之事业也"，大学为"纯粹研究学问之机关"，"不可视为贩卖知识之所"。蔡元培先生把这种教育理念的改革视为从旧时代向新时代转换的标志："专制时代……教育家循政府方针以标准教育，常为纯粹之隶属政治者。共和时代，教育家得立于人民之地位以定标准，乃得有超逸政治之教育。"

当然，人的理性能力的培养、信仰的形成，离不开教师的引导。这当然对教师个人的知识和德性修养提出了更高的要求，但教师以自己的"为天地立心，为生民立命，为往圣继绝学，为万世开太平"的理想主义教育，对学生接受知识和形成世界观无疑具有重要的意义。教育工作者必须明白，教育的前提、对象和结果都是自由而活泼的单个人，而不是概率化的复数意义上的人。教学相长。教育作为教与学的统一，就是要让每个受教育者坚守自己的真实秉性，教人学真，学做真人，而教会和学得知识是次一级的问题。把人作为"目的"而不是"手段"，一切从人出发，一切为了人，一切服务于人，真正确立起"人"在当代中国教育研究中的中心地位。只有这样才能认识教育的真谛，也才能真正理解教育的使命——引导学生正确认识人的价值、人的生命，理解生活的真正意义，形成学生的人文精神，培养学生对终极信仰的追求，养成学生的关爱情怀，使他们学会过美好生活。

在现代社会，做人教育是公民教育的初级阶段，一般社会成员在孩童时期，在家庭的日常生活中，逐渐学会了遵守规范，礼敬权威，同情和友爱，而后才有可能在学校教育和社会政治生活中养成健康的公民观念。具体言之，所谓做人教育，一是从孩童做起，二是需要在行为中演练。做人的教育融入儿童教育过程，将那些抽象玄虚的政治观念替换成日常的生活规范，将那些高尚的道德情操口号转换成普通的善良和友爱。事实上，当儿童们懂得"友爱"就是爱爸爸妈妈、爱小朋友和爱小白兔，他们才会真正理解到什么是爱，才会逐渐养育出初步的同情心和道德意识。只有建立了这样的善良品质和爱心基础，他们成年后对于民族和祖国的爱和理解才会是真实可信的。

人们公民意识的形成需要以每一个人的具体实践作为必要的环节，也就是说，人们在实际的社会生活参与过程中，真实地享受和真正行使了其法律规定的权利，并切实履行了其应尽的道德和法律义务，他们才会对公民的角色认同形成真实的感受，公民意识才有可能形成，公民意识的形成与公民角色的实际操作是同一个过程。人在实际社会生活中的行为体验是促成其观念和思想的必要环节，从做人到做公民，从形成人的基本素养到公民教育的成功，都需要伴随着这样的环节，唯有如此，人的素质的普遍提升才是可能的。

总之，教育是个不断启蒙的过程，启蒙的标志在于公民个性解放的"自由"。这里，牵涉到"信仰—理想—希望"三者之间的关系。

信仰是个人经验与超验的关系。既不能事实证明，也不能逻辑证明，个人处身于在对超验价值关系的敬畏之中，它使自律、自禁成为可能。所谓：君子三畏。畏天命，畏大人，畏圣人之言。

希望是个人与目的的关系。它可能事实证明，也可能逻辑证明，也可能不能证明。个人在不安的期待中也可能对它保持神秘与敬畏，但更多的是焦虑，使失望、绝望、无望成为可能。

理想被规定为"对某事物臻于最完善境界的观念"或者指"事物臻于最完善的境界"①。它标志的是社会与目的的关系。超验的信仰一旦落入科学的领地，它便自信得无所不僭越，即想纳

---

① 《新世纪现代汉语词典》，京华出版社 2001 年版，第 723 页。

入事实证明，也想纳入逻辑证明，并构成社会意识形态，以统一个人的思想、行为和表达，从而造成强制性的社会运动。结果，"手段"成为取代一切的"目的"，个人微不足道，目的亦微不足道。

其实，理想是超验信仰的世俗经验的投影，它介乎于超验的信仰与经验的希望之间。现代知识教育要么遗忘了理想，要么使理想从信仰降解为经验。人靠着"理性"与"自我意识"的双翅，再加上科学技术实证手段的增长，人开始傲慢起来，狂妄起来。而人对自然的态度是人对人的态度的最隐蔽的无意识根源。于是，以为自己无所不能的任性与大胆，既造成了空前的文明，也造成了空前的灾难。

通过教育活动培养具有公民素质的人，就是要在我们的教育中培养自由、自尊、自立、自强、自信、自重、有尊严、有个性、有创造性的生命个体。教育活动所培养公民不仅具有科学知识，而且应该具有德性和信仰，不仅具有理想和希望，而且还应该是受信仰牵引的理想和希望。

对于人而言，"唯一存在的解决方法，就是去面对真理，去承认他在一个毫不关心他命运的宇宙中的孤独与寂寞；去认识到不存在任何超越他并能帮助他解决问题的力量。人必须对他自身负起责任，并接受这样的事实；那就是只有用自己的力量，才能给予自己的生活以意义"[①]。对生命意义的追寻确是支撑我们走下去的力量。生命的意义的问题不是那种需要给出确切答案的问题，所以生命意义的问题并非只是发现的问题，它也是一种重要的创造活动，正是我们对生活的看法决定了我们在其中所能发现的意义。

---

① ［美］埃里希·弗罗姆：《自为的人——伦理学的心理研究》，万俊人译，国际文化出版公司1988年版，第39页。

因此，哪里有危险，哪里就有救。"信仰危机"、"信任危机"，其本身已向我们表明了这个社会的活力和希望所在：危机和担忧的背后就是对失落的质朴性的渴望。意义并不意味着确定性，确定性的追求会禁锢对意义的寻求，不确定是驱使人们展开自身力量的非常条件。"倘若他毫不惊慌的正视真理，他将认识到除了靠展开他的力量、靠有创造性的生活，来给予其以生活的意义以外，对于生活来说不可能存在任何意义。"① 在创造生命的意义中，人将永远不会终止困惑、惊奇并产生新的问题，人要成为他自身，为了他自身，就要靠充分地实现那些他所特有的理性、爱以及生产性工作的能力来获取幸福。

除了隐忧，除了创造，人作为一个生命个体，在教育中必须解决三个层面上的问题：信仰、生活和生存。单纯的科技知识只能解决生存层面的问题；生活开始追问生命的意义和价值；而信仰则是一种在终极意义上对人类命运的思索，它在形式上表现为人与神圣之间的媒妁，而"神圣"本质上是人在类的意义上所追求的终极价值。

教育启蒙的根本目的在于建构具有信仰、德性和理想的公民人格！

① ［美］埃里希·弗罗姆：《自为的人——伦理学的心理研究》，万俊人译，国际文化出版公司1988年版，第39页。

# 参考文献

［1］《西方古代教育论著选》，人民教育出版社 1985 年版。

［2］爱弥尔·迪尔凯姆：《教育思想的演进》，上海人民出版社 2003 年版。

［3］沛西·能：《教育原理》，人民教育出版社 1964 年版。

［4］赫尔巴特：《普通教育学》，人民教育出版社 1989 年版。

［5］昆体良：《雄辩术原理》，人民教育出版社 1984 年版。

［6］夸美纽斯：《大教学论》，人民教育出版社 1984 年版。

［7］鲁姆：《教育目标分类学》（认知领域），华东师范大学出版社 1986 年版。

［8］洛克：《教育漫话》，人民教育出版社 1985 年版。

［9］杜威：《我们怎样思维·经验与教育》，人民教育出版社 1991 年版。

［10］赵祥麟等编译：《杜威教育论著选》，华东师范大学出版社 1981 年版。

［11］杜威：《民主主义与教育》，人民教育出版社 1990 年版。

［12］斯宾塞：《教育论》，人民教育出版社 1962 年版。

［13］卢梭：《爱弥儿》，李平沤译，商务印书馆 1983 年版。

［14］李秉德主编：《教学论》，人民教育出版社 1991 年版。

［15］胡德海：《教育学原理》，甘肃教育出版社 1998 年版。

［16］黄济：《教育哲学》，北京师范大学出版社 1985 年版。

［17］李定仁、徐继存：《教学论研究二十年》，人民教育出

版社 2001 年版。

　　［18］何怀宏：《伦理学是什么》，北京大学出版社 2002 年版。

　　［19］休谟：《人性论》，关文运译，商务印书馆 1983 年版。

　　［20］休谟：《道德原理探究》，王淑芹译，中国社会科学出版社 1999 年版。

　　［21］舍勒：《舍勒选集》，刘小枫编译，上海三联书店 1999 年版。

　　［22］瞿葆奎、郑金洲：《教育基本理论之研究》，福建出版社 1998 年版。

　　［23］鲁洁：《教育社会学》，人民教育出版社 1990 年版。

　　［24］何怀宏：《道德·上帝与人》，新华出版社 1999 年。

　　［25］斯宾诺莎：《伦理学》，商务印书馆 1997 年版。

　　［26］齐格蒙特·鲍曼：《后现代伦理学》，张成岗译，江苏人民出版社 2003 年版。

　　［27］王海明：《人性论》，商务印书馆 2005 年版。

　　［28］王坤庆：《现代教育哲学》，华中师范大学出版社 1994 年版。

　　［29］陈桂生：《“教育学”辨》，福建教育出版社 1998 年版。

　　［30］伽达默尔：《哲学解释学》，上海译文出版社 1994 年版。

　　［31］别尔加耶夫：《论人的使命》，学林出版社 2000 年版。

　　［32］陈友松：《当代西方教育哲学》，教育科学出版社 1982 年版。

　　［33］石里克：《伦理学问题》，商务印书馆 1997 年版。

　　［34］福柯：《知识考古学》，三联书店 1998 年版。

　　［35］麦金太尔：《德性之后》，中国社会科学出版社 1995 年版。

　　［36］麦金太尔：《三种对立的道德探究观》，万俊人、唐文明、彭海燕等译，中国社会科学出版社 1999 年版。

［37］卡西尔：《启蒙哲学》，顾伟铭译，山东人民出版社1996年版。

［38］希拉里·普特南：《理性、真理与历史》，童世骏、李光程译，上海译文出版社1997年版。

［39］石中英：《知识转型与教育改革》，教育科学出版社2001年版。

［40］石中英：《教育学的文化性格》，山西教育出版社1999年版。

［41］杨国荣：《科学的形上之维》，上海人民出版社1999年版。

［42］杨国荣：《伦理与存在——道德哲学研究》，上海人民出版社2002年版。

［43］曼海姆：《重建时代的人与社会》，三联书店2002年版。

［44］张岱年：《中国哲学大纲》，中国社会科学出版社1982年版。

［45］康德：《实践理性批判》，邓晓芒译，人民出版社2003年版。

［46］康德：《历史理性批判文集》，何兆武译，商务印书馆1991年版。

［47］阿尔森·古留加：《康德传》，商务印书馆1981年版。

［48］亚里士多德：《形而上学》，吴寿彭译，商务印书馆1997年版。

［49］亚里士多德：《尼各马可伦理学》，廖申白译，商务印书馆2003年版。

［50］赫胥黎：《进化论与伦理学》，科学出版社1971年版。

［51］博登海墨：《法理学——法哲学及其方法》，邓正来、姬敬武译，华夏出版社1987年版。

［52］马克斯·范梅南：《生活体验研究——人文科学视野

中的教育学》，教育科学出版社 2003 年版。

[53] 樊浩、田海萍：《教育伦理》，南京大学出版社 2000 年版。

[54] 刘庆昌：《教育者的哲学》，中国社会出版社 2004 年版。

[55] 刘小枫：《现代性社会理论》绪论，上海三联书店 1998 年版。

[56] 毛礼锐、沈灌群主编：《中国教育史》，人民教育出版社 1985 年版。

[57] 戴本博编：《外国教育史》，人民教育出版社 1990 年版。

[58] 张人杰：《国外教育社会学基本文选》，华东师范大学出版社 1989 年版。

[59] 奥特弗利德·赫费：《作为现代化之代价的道德——应用伦理学前沿问题研究》，邓安庆，朱更生译，上海世纪出版集团 2005 年版。

[60] 王炳书：《实践理性论》，武汉大学出版社 2002 年版。

[61] 罗蒂：《哲学和自然之镜》，三联书店 1987 年版。

[62] 埃里希·弗罗姆：《自为的人——伦理学的心理探究》，万俊人译，国际文化出版公司 1988 年版。

[63] 黄裕生：《真理与自由：康德哲学的存在论阐释》，江苏人民出版社 2001 年版。

[64] 孔多塞：《人类精神进步史表纲要》，何兆武、何冰译，三联书店 1998 年版。

[65] 张志平：《情感的本质和意义——舍勒的情感现象学概论》，上海人民出版社 2006 年版。

[66] 田玉敏：《当代教育哲学》，天津社会科学院出版社 1991 年版。

［67］威廉·维尔斯曼：《教育研究方法导论》，教育科学出版社 1997 年版。

［68］利奇蒙德：《神学与形而上学》，四川人民出版社 1999 年版。

［69］《辞海：教育、心理分册》，上海辞书出版社 1980 年版。

［70］弗兰克·梯利：《伦理学导论》，何意译，广西师范大学出版社 2002 年版。

［71］麦克·F. D. 杨：《知识与控制——教育社会学新探》，华东师范大学出版社 2002 年版。

［72］维塞尔：《莱辛思想再释——对启蒙运动内在问题的探讨》，贺志刚译，华夏出版社 2002 年版。

［73］杜小真选编：《福柯集》，上海远东出版社 1998 年版。

［74］霍克海默、阿多尔诺：《启蒙辩证法》，洪佩郁、蔺日峰译，重庆出版社 1990 年版。

［75］卢卡奇：《理性的毁灭》王玖兴等译，山东人民出版社 1988 年版。

［76］黑格尔：《逻辑学》下卷，杨一之译，商务印书馆 1976 年版。

［77］黑格尔：《哲学史讲演录》第二卷，贺麟、王太庆译，商务印书馆 1960 年版。

［78］黑格尔：《美学》第 1 卷，商务印书馆 1981 年版。

［79］黑格尔：《法哲学原理》，商务印书馆 1996 年版。

［80］胡军：《知识论》，北京大学出版社 2006 年版。

［81］张岱年：《中国哲学大纲》，江苏教育出版社 2005 年版。

［82］李朝东、卓杰：《形而上学的现代困境》，甘肃人民出版社 1995 年版。

［83］李朝东：《西方哲学思想》，甘肃人民出版社 2000 年版。

［84］陈春文：《栖居在思想的密林中——哲学寻思录》，兰州大学出版社 2000 年版。

［85］罗素：《西方的智慧》，马家驹、贺霖译，世界知识出版社 1992 年版。

［86］罗素：《道德哲学》，李国山等译，九州岛出版社 2004 年版。

［87］卢卡西维茨：《亚里士多德的三段论》，李真、李先煜译，商务印书馆 1981 年版。

［88］丹尼尔·贝尔：《后工业社会的来临》，高铭等译，商务印书馆 1986 年版。

［89］丹尼尔·贝尔：《资本主义文化矛盾》，赵一凡等译，三联书店 1989 年版。

［90］孟德斯鸠：《论法的精神》上册，张雁深译，商务印书馆 1982 年版。

［91］亚当·斯密：《道德情操论》，蒋自强等译，商务印书馆 1998 年版。

［92］北京大学哲学系外国哲学史教研室编译：《十八世纪法国哲学》，商务印书馆 1963 年版。

［93］周辅成编：《西方伦理学名著选辑》下卷，商务印书馆 1987 年版。

［94］边沁：《政府片论》，沈叔平、秦力文译，商务印书馆 1995 年版。

［95］威尔·杜兰：《西方哲学史话》导论，杨荫鸿，杨荫渭译，书目文献出版社 1989 年版。

［96］黄裕生：《真理与自由：康德哲学的存在论阐释》，江苏人民出版社 2001 年版。

［97］孔多塞：《人类精神进步史表纲要》，何兆武、何冰译，三联书店1998年版。

［98］《亚里士多德全集》第8卷，苗力田译，中国人民大学出版社1991年版。

［99］赫胥黎：《进化论与伦理学》，《进化论与伦理学》翻译组译，科学出版社1971年版。

［100］威廉·巴雷特：《非理性的人》，杨照明、艾平译，商务印书馆1999年版。

［101］帕斯卡尔：《思想录》，何兆武译，商务印书馆1985年版。

［102］《爱因斯坦文集》第1卷，商务印书馆1976年版。

［103］马克思：《1844年经济学哲学手稿》，人民出版社2000年版。

［104］维克多·弗兰克：《活出意义来》，赵可式等译，三联书店1998年版。

［105］约翰·希克：《信仰的彩虹——与宗教多元主义批评者的对话》，王志成、思竹译，江苏人民出版社1999年版。

［106］韦政通：《伦理思想的突破》，四川人民出版社1998年版。

［107］［美］莱茵霍尔德·尼布尔：《道德的人与不道德的社会》，蒋庆等译，贵州人民出版社1998年版。

［108］华勒斯坦：《开放社会科学》，刘锋译，三联书店1997年版。

［109］西摩·马丁·李普塞特：《政治人》，张绍宗译，上海人民出版社1997年版。

［110］海德格尔：《海德格尔选集》，孙周兴编选，上海三联书店1996年版。

［111］韩水法：《理性的启蒙或批判的心态——康德与福

柯》［J］，《浙江学刊》2004 年第 5 期。

　　［112］李秉德：《弘扬中国知识分子的优良传统担负起今日教育工作者的责任》，《西北师大学报》1999 年第 2 期。

　　［113］万明钢：《论公民教育》［J］，《教育研究》2003 年第 9 期。

　　［114］万明钢：《全球化背景中的公民与公民教育》，《西北师大学报》2003 年第 1 期。

　　［115］王嘉毅、李志厚：《论体验学习》，《教育理论实践》2004 年第 23 期。

　　［116］胡德海：《论中国历史上的教育家》，《教育研究》1998 年第 8 期。

　　［117］胡德海：《论教育的功能问题》，《西北师大学报》1999 年第 2 期。

　　［118］顾明远：《论中国传统文化对中国教育的影响》，《杭州师范学院学报》2004 年第 1 期。

　　［119］李定仁：《关于建立我国学科教育学的几个问题》，《教育研究》2004 年第 5 期。

　　［120］王嘉毅：《教学研究的本质与特点》，《教育研究》1995 年第 8 期。

　　［121］郭齐家：《中国传统教育哲学与全球伦理》，《教育研究》2000 年第 11 期。

　　［122］朱红文：《社会科学的性质及其与人文科学的关系》，《哲学研究》1998 年第 12 期。

　　［123］莫尼卡·泰勒：《价值观教育与教育中的价值观》，《教育研究》2003 年第 6、7 期。

　　［124］刘力：《近十几年来教育实验方法论研究的回顾与展望》，《教育研究》1998 年第 6 期。

　　［125］徐夫真、高伟：《现象学教育哲学引论》，《徐州师范

大学学报》2000 年第 1 期。

[126] 刘铁芳:《教育的沉沦与教育哲学的使命》,《教育理论与实践》1999 年第 1 期。

[127] 梁祝平:《自然科学与社会科学方法的异同及其启示》,《学术论坛》2000 年第 3 期。

[128] 刘文霞:《教育哲学应有的意蕴》,《教育研究》2001 年第 3 期。

[129] Jürgen Habermas. *Strukturwandel der Oeffentlichkeit*, suhrkamp verlag 1990.

[130] Popper, K. , *Objective Knowledge, An Evolutionary Approach*, Oxford University Press, 1972.

[131] Scheffler, *The Language of Education*, Chapl. , 1960.

[132] Poggi, Gianfranco. *The Development of the Modem State* [M]. Stanford: Stanford University Press, 1978.

[133] Jürgen Habermas. *Erkenntnis und Intersse*, suhrkamp verlag 1991.

[134] Horkheimer, Max, Adorno, *Theodor W. Dialektik der Aufkkaerung* [M]. Theodor W. Adorno Gesammelte Schriften, Band 3, Suhrkamp, 1997.

[135] See Harding, S. , *Whose Science? Whose Knowledge?* Open University Press, 1991.

[136] Kuhn, T. S. , *The Structure of Scientific Revolution*, University of Chicago Press, 1962.

[137] Chamberlain, Heath B. *On the Search for Civil Society in China. Modern China*, Vol. 19, April 1993.

[138] Madsen, Richard. *Tragedy and Hope in an Emerging Civil Society.* University of California Press, 1988.

# 后　记

　　教育通过知识的传承和教化来启迪民智。本论著试图从教育哲学的角度探讨教育应该通过什么样的知识要素造就具有正义品性的人，即培养具有个体信仰、德性修养和知识能力的公民。

　　教育的本质使命是启蒙。教育启蒙通过知识传递和教化把人从无知状态提升到有知状态，这只是教育启蒙的最初意蕴。通过教育而获得的知识又会对人形成新的蒙蔽，这就是启蒙的辩证法。对知识所造成的这种新的蒙蔽进行新的启蒙，便成了教育所面临的真正使命。

　　19 世纪法国实证主义哲学家孔德（August Comte）认为，知识可以划分为虚构的宗教知识、抽象的形而上学知识和科学的实证知识。按照孔德的实证主义知识理想，三种知识形态是一种线形替代关系，因而所有知识最后都归属为科学知识。孔德实证主义知识观对于近现代中西方教育理论的形成具有决定性的影响，因而科学知识成为现代教育的主要内容。

　　我们时代的教育困境皆根源于此。由于这种奠基于实证主义知识论基础上的教育观，使得我们在教育理念设计上只见知识，而失落了信仰和德性品质。世界各国在各个层面上展开的教育改革充分体现出实证知识的诉求，但工具理性的教育制度所设计的正当性论证却面临着根本性困难，即为教育的理念提供理由的先验前提可能是十分脆弱的。实际上，宗教知识、形而上学知识和科学的实证知识并不是线形替代关系，而是历时互补关系，它们共同构成一个时代教育理念的先验前提。

　　在一个时代的教育观念中，必须同时具有信仰、德性和理性知识三个要素，教育的根本目的是塑造一个以信仰、道德、法律为基本构成要素的公民所构成的公民社会。教育的首要目的是立足于个体生命本质的自由发展，让每个受教育者坚守自己的真实禀性，教人学真，学做真人，而教会和学得科学知识则是次一级的问题。任何时候，教育的基本立场均应该是：坚持个人人格的独立价值，坚持每个人对自己命运的终极负责。

　　知识可以从形态上划分为科学知识、德性知识和信仰知识，并在知识论、德性论和信仰论中给予具体的讨论。本书力图通过对知识、德性和信仰及其现代教育的启蒙使命进行学理反思，深入探究教育学中一些重大的基本理论问题，为我国目前的教育改革提供一些理论上的借鉴，并试图从哲学的角度对教育在公民人格建构中的功能和作用进行理论阐明。

　　教育的目的不仅是为了培养训练有素的、掌握科学知识的专家在某种世界图景的支配下运用技术去认识和控制自然，教育的根本目的是塑造一个以信仰、德性、知识为基本构成要素的公民，并由之构成一个公民社会。在一个时代的教育体系中，必须同时具有信仰、德性和知识三个要素，并由此塑造公民的心灵结构。通过教育活动培养具有公民素质的人，就是要在我们的教育中培养自由、自尊、有个性和创造性的生命个体；教育活动所培养的公民不仅应该具有科学知识，而且应该具有德性和信仰，不仅应具有理想和希望，而且应是受信仰或信念牵引的理想和希望。

　　感谢胡德海教授在本书写作中付出的大量心血和智慧。

2008 年 12 月 19 日于西北师大